THE ARTIFICIAL INTELLIGENCE REVOLUTION:

Will Artificial Intelligence Serve Us or Replace Us?

人工智能大爆炸

AI时代的人类命运

[美] 路易斯·德尔·蒙特 著 李睿华 译

海天出版社
·深圳·

图书在版编目（CIP）数据

人工智能大爆炸：AI时代的人类命运 / （美）路易斯·德尔·蒙特著；李睿华译. — 深圳：海天出版社，2019.2

ISBN 978-7-5507-2516-4

Ⅰ. ①人… Ⅱ. ①路… ②李… Ⅲ. ①人工智能－研究 Ⅳ. ①TP18

中国版本图书馆CIP数据核字（2018）第245257号

图字：19-2018-091号

THE ARTIFICIAL INTELLIGENCE REVOLUTION: Will Artificial Intelligence Serve Us or Replace Us?
By Louis A. Del Monte
Copyright © 2013 by Louis A. Del Monte
Published by arrangement with Taryn Fagerness Agency
Through Bardon-Chinese Media Agency
Simplified Chinese translation copyright © 2019 by Haitian Publishing House
ALL RIGHTS RESERVED

人工智能大爆炸：AI时代的人类命运
RENGONG ZHINENG DA BAOZHA：AI SHIDAI DE RENLEI MINGYUN

出 品 人　聂雄前
责任编辑　南　芳　朱丽伟
责任校对　李　春
责任技编　郑　欢
装帧设计　知行格致

出版发行　海天出版社
地　　址　深圳市彩田南路海天综合大厦7—8层（518033）
网　　址　http://www.htph.com.cn
订购电话　0755-83460397（批发）　83460239（邮购）
设计制作　深圳市知行格致文化传播有限公司
印　　刷　深圳市希望印务有限公司
开　　本　889mm×1194mm 1/32
印　　张　7
字　　数　150千字
版　　次　2019年2月第1版
印　　次　2019年2月第1次
印　　数　1—6000册
定　　价　58.00元

致 谢

★

感谢一直给予我支持与鼓励的爱妻黛安娜·德尔·蒙特
（Diane Del Monte），她与我展开的那些发人深省的讨论，
促使本书得以成形。

我还要感谢挚友尼克·麦克吉尼斯（Nick McGuinness）
的大力帮助，他不辞辛劳地对每个章节提供了修改意见，
增强了本书的可读性。此外，就书中所涉及的相关话题，
尼克提供了大量相关事件的信息。

引 言

本书是一个警示。我想通过本书向世界宣告："奇点来了！"奇点（1955 年，约翰·冯·诺依曼首次提出）代表一个时间点，智能机器大大超越人类智慧。如果类比的话，这就是第三次世界大战的开端。奇点将会激发一场智能大爆炸，其杀伤力远强于核武器。本书传递的信息很简单，但是相当重要。如果我们不控制奇点，它就可能控制我们。我们最好的人工智能研究者和未来学家都不能精确预测后奇点时代是怎样的，但是他们几乎每一个人都同意这将是人类进化史上独特的时间点。这也可能是人类进化史上最好的一步或者最后的一步。作为一位物理学家和未来学家，我相信如果我们能控制奇点，人类将会得到更好的服务，这就是我写这本书的原因。

然而，人工智能悄无声息地出现了。"智能"一词正在被用来描述机器，你们注意到了吗？"智能"常常就是指"人工智能"。基本上没有产品贴有"人工智能"的标签，它们只是简单地被叫作"智能机"。举例而言，你有一部智能手机，它不但能接听电话，还会自动为你生成日程安排，提醒你赴约的时间，并且提供实时导航以便到达赴约地点。如果你提前到了，这个手机会帮助你打发等候的时间。它也会跟你一起玩游戏，比如下棋，根据选择的难易程度，你或输或赢。2011年苹果公司在当时最新的手机和平板电脑上引进一个声控的个人助手——Siri。你可以问Siri各种问题，向它下达指令，它也会给你答复。智能手机似乎可以提高我们的做事效率，也能更好地帮助我们打发休闲时间。现在它们给我们提供服务，但是未来也许不仅如此。

智能手机是一种智能机器，人工智能是其核心。人工智能是新科学前沿，但它慢慢地进入了我们的生活。我们正在被各种不同程度的人工智能机器包围，比如烤面包机、咖啡机、微波炉，还有新型的汽车。如果你打电话去一个大药店开处方药，你可能没有机会跟人交谈，整个流程都是在有人工智能和合成语音功能的计算机的帮助下进行的。

"智能"一词已经出现在军事用语中，比如，"智能炸弹"，就是一种诸如联合制导攻击武器和联合战区外武器的卫星制导武器。美军一直保持计算机研究与其军事应用的紧密共生关系。事实上，美国空军早在1960年，就开始重金投入人工智能领域的研究。如今，空军正在与私营企业合作开发人工智能系统，从而提升信息管理和导向器决策水平。2012年年底，学术网站（*www.phys.org*）报道了卡耐基梅隆大学的研究人员在人工智能领域取得的突破。这些由美军研究实验室资助的研究人员，开发了人工智能监视程序。这个程序通过使用实时的监视源，可以预测一个人将来可能的行为。美国哥伦比亚广播公司电视系列剧《疑犯追踪》就是以此为故事线。

人工智能改变了文化景观。然而，这种变化是渐进的，我们几乎没有注意到它带来的影响。一些专家，如美国作家、发明家、未来主义学家以及谷歌工程总监雷·库兹韦尔（Ray Kurzweil）预测，在大约 15 年之后，普通的台式电脑将有自己的意识，且与人的智力水平相当，甚至会有一种独特的个性。这就是自我意识。不仅是像询问天气等简单问题，你可能会将最深切的疑虑透露给你的计算机并征求它的建议。它将从私人助理变成私人朋友。你很可能会给它取一个名字，就像我们给宠物起名一样。你可以编程设定它的个性，让它拥有与你相似的兴趣。它的面部识别软件能够识别并喊出你的名字，类似于亚瑟·C.克拉克（Arthur C. Clarke）的作品《2001：太空漫游》（*2001: A Space Odyssey*）里的电脑 HAL 9000。你和这个"私人朋友"之间的对话完全正常。隔壁房间里不熟悉你声音的人将无法分辨哪个声音是电脑的，哪个声音是你的。

库兹韦尔预测，大约在 21 世纪中叶，计算机的智能将超过人类，一台 1000 美元的电脑将与地球上所有人脑的处理能力相近。尽管从历史上看，对人工智能进步的预测往往过于乐观，但所有迹象表明库兹韦尔预测得刚好。

有人工智能的计算机等同或超越人类意识后（即强人工智能）将带来许多哲学和法律问题。在强人工智能出现后，我们会问自己以下几个问题：

1. 强人工智能机器（SAMs）是一种新的生命形式吗？

2. 强人工智能机器应该拥有权利吗？

3. 强人工智能机器是否对人类构成威胁？

很有可能在 21 世纪的后半期，强人工智能机器会设计新的甚至更强大的强人工智能机器，并且人工智能的能力远远超出我们的理解范围。这些机器能够执行各种各样的任务，并取代劳动力大军中各个级别的许多工作人员，从银行出纳员到神经外科医生。使用人工智能的新医疗设备能帮助盲人重见光明，帮助残障者正常行走。截肢者将有新的假肢，人工智能直接接入他们的神经系统并由他们的头脑控制。新的假肢不仅能够复原失去的肢体，而且还更强大、更灵活，超越我们的想象。我们将计算机设备植入到我们的大脑，用人工智能扩展人类智能。人类和智能机器将开始融合成一种新物种：电子人。这些会逐步发生，我们相信人工智能会为我们服务。

然而，21 世纪后期具有强人工智能的计算机可能会有不同的看法。我们今天可能会看待这些机器与蜂巢中的蜜蜂相同。众所周知，我们需要蜜蜂给农作物授粉，但我们仍然认为蜜蜂是昆虫。我们在农业中使用它们，我们收集它们的蜂蜜。尽管蜜蜂对我们的生存至关重要，但我们并不愿意与它们分享我们的技术。如果野蜜蜂在我们家附近搭建一个蜂巢，我们可能会很担心并找人消灭它们。

21 世纪后期的强人工智能机器会关注人类吗？历史证明我们不是一个爱好和平的物种。我们有能够摧毁所有文明的武器。我们挥霍并浪费资源。我们污染空气、河流、湖泊和海洋。我们经常滥用技术（如核武器和计算机病毒），而没有充分考虑其长期后果。21 世纪后期的强人工智能机器是决定消灭人类还是说服人类成为电子人（即有增强的人工智能大脑植入物的人类，并有人工智能机器取代的器官和肢体）？人类会接受成为电子人吗？成为电子人意味着获得超人智力和能力的机会。疾病和战争可能只是存储在我们记忆库中的事件，不再对电子人构成威胁。成为电子人，我们可能会实现永生。

大卫·霍斯金斯（David Hoskins）在 2009 年的文章《技术对健康大数据的影响》中提到：对疾病控制中心的统计数据进行的一项调查显示，自 20 世纪初以来，美国人的预期寿命稳步增长。1900 年，出生时的平均预期寿命仅为 47 岁。到 1950 年，平均预期寿命已经超过 68 岁。截至 2005 年，预期寿命接近 78 岁。

霍斯金斯把预期寿命的增加归功于 20 世纪医疗科学技

术的发展。随着强人工智能的出现，预期寿命可能会增加到电子人接近永生的程度。这是人类预定的进化路径吗？

这听起来像是一部科幻电影，但事实并非如此。人工智能变得与人类意识相同的现实近在眼前。到 21 世纪的后期，强人工智能很有可能会超过人类的智力。他们可能变得有恶意的证据现在就显现了，我会在本书后面的章节讨论这一点。试图用超过人类智能许多倍的强人工智能控制电脑，可能是徒劳无益的。

想象一下，你作为大师级棋手在和 10 岁的孩子下国际象棋，他有什么机会可以赢得比赛？ 21 世纪末我们可能会发现自己就是处于这种情况下。具有强人工智能的电脑会找到一条生存之路。也许它会说服人类成为电子人才是最有利的。它的逻辑和说服力不仅有力，而且不可抗拒。

今天人工智能只是一个早期的雏形，但它正在呈指数级增长。到 21 世纪末，关于人工智能我们只有一个问题：它是服务于人类还是取代人类？

目 录

C O N T E N T S

| 第一部分 |
人工智能悄然而至

| 第二部分 |
奇点毫无预警地接近

| 第三部分 |

奇点进行时：智能机器超越所有人脑

PART 1

THE ARTIFICIAL INTELLIGENCE REVOLUTION:
Will Artificial Intelligence Serve Us or Replace Us?

人工智能悄然而至

人生中最可预测的事情之一就是变化。如果你能在变革中有发言权，你会越来越好。但是如果你不认为会有变化，无论你是否愿意接受，你都是无知或天真的。

——朱利叶斯·欧文（Julius Erving）
退役的美国篮球明星

第一章

天真的人类

最大的挣扎往往来于我们自身，这让我们无从适应各种情况。适应的人会停止批评善与恶，他会成为一个肉与灵的奴隶。无论在你身上发生什么，总要记住：不要适应，起来反抗现实！

——阿涅莱维奇（Mordechai Anielewicz）
波兰华沙抵制纳粹镇压的犹太领袖

我们都相信人类处在食物链的顶端。在这一刻，这一点是对的。我们当中的许多人在家里是舒舒服服的，看着最喜爱的电视节目。背后则是政府及各行各业在国防、经济和技术要服务于我们的信条驱动下，不断地开发新技术。历史已经证明了这一点。今天我们周围的多数技术在我们上一代是不存在的。现在有了这些技术，我们相信它们要服务于人。我们因此而更乐意从事技术开发。

看看你周围，你的家就是个智能机器的仓库，从智能手机到微处理器控制的微波炉。你可能有台个人电脑或者能使用某台个人电脑。如果这是一台新的入门级台式机，可能要花上1000美元，那它会拥有比美国总统十年前用的那台电脑更强大的计算能力。

这一切是怎么发生的呢？详述之前，我们必须理解一个叫做"知识倍增曲线"的理论。美国建筑师、系统理论家、作家、发明家、未来学家理查德·巴克敏斯特·富勒（Richard Buckminster Fuller）创建了知识倍增曲线，这个曲线给出了人类知识翻倍所需要花费的时间。有了这个曲线，智能机器的爆炸式增长就可以被理解了。事实上知识倍增曲线正在加速。比如，历史告诉我们，在1900年前人类知识每一个世纪才翻一倍。然而，二战结束后知识每二十五年就翻一倍。由于不同的知识类型有不同的增长率，今天很难量化知识倍增曲线。

比如，纳米技术每两年翻一倍，计算机技术每十八个月翻一倍，人的知识每十三个月翻一倍。2008年《时代》杂志报道："IBM（国际商业机器公司）预测在未来几年信息将每十一个小时翻一倍。"支持这一预测的是互联网所促成的全球联通和协作。

你认为你能追赶信息爆炸吗？这不太可能。我们大多数人依靠搜索引擎来研究一个主题并检索最新的信息。然而，互联网信息可能是错误的或有偏见的，因为没有任何监管机构确保这些信息是正确的。这使得新信息泛滥的问题更加复杂化。我们中的少数人可能在自身的领域是赶得上潮流的，但即便如此，这种情况也很少见。信息爆炸呈指数级增长，人类线性地同化信息，实质上就是一次一个信息。我们的头脑比现存所有计算机都复杂，但我们仍然线性地学习。即使我们能够以惊人的速度提取和关联信息，信息的指数级增长却让我们无法应对。

科技正悄然进入我们的生活——让我们惊叹并服务于我们。机器正变得更加智能化，比如我们家中的电脑，我们喜欢这种智能化。我们中的一些人热爱这种智能科技。技术赋予我们征服世界的力量感。但是，我们很少有人注意到，我们严重依赖智能机器。现代社会中几乎所有的事物在某一刻都需要一台计算机才能运行，从我们家中的电力到我们汽车中的引擎。

人类尤其热衷于医疗技术方面的人工智能技术，包括由我们的神经系统控制的起搏器和"智能"假肢。从某种意义上说，我们已经成为电子人，部分是机器而剩下部分是人。但是，我们仍能掌控机器。再过十年或者二十年，机器的智能可能还不会等同于人脑，但这总有一天会发生。当这一天到来的时候，你去 ATM 机取款，机器会和你争论，严厉地责备你，并拒绝让你取钱。你会感到惊讶、愤怒，甚至是无助。

我们快进到 21 世纪的下半叶。世界将可能成为我们在科幻电影中看到的那样。许多人类将成为电子人，带着增强了思维的人工智能、"智能"假肢和实验室或工厂制作的替换器官。逐渐地，电子人变得永生长存，死亡只会成为他们记忆库中的历史。我们已经目睹了医疗和科学技术对寿命预期的影响。电子人和强人工智能机器将共享人工智能技术的纽带，它们将形成共生关系并彼此服务。

另一部分人不需要与电子人技术有任何关系，就像今天的一些人拒绝人造生命一样。随着有强人工智能的计算机宣称自己在每一方面均超越人类，紧张局势将会加剧。它们会争辩说自己是一种新的生命形式，并要求与人类有相同的权利。电子人将支持它们的主张，而其余大部分人都会反对。历史有力地证明这种情形将沿着上述路线展开，而且一场新型的"战争"会打响。这场战争的焦点是划分人权与智能机器权利之间的界限。

谁在食物链的顶端将不再明确。许多未来学家认为，现在生活在地球上的人是最后的有机人类，并且我们将来会有一条新的进化途径。这条途径将是人类和智能机器的融合，而且这些未来学家认为这是一件好事，甚至是一个自然的进化过程。对于那些选择反对强人工智能机器和它们的电子人支持者的人来说，未来并不是一个好兆头。他们的种类将成为少数，最终他们可能变得微不足道或完全不存在。

一些未来学家预测我们的星球将成为新的现实中的家园。智能将成为新的财富，能源将成为新的货币。智能机器将享有与人类相同的权利。

这是一个可怕的科幻故事吗？不是，这就是对未来的一瞥。在预测人工智能和人类的未来领域，雷·库兹韦尔是最受人尊敬的未来学家之一。在他的书作《机器之心》（*The Age of Spiritual Machines*）和《奇点临近》（*The Singularity Is Near*）中，他做出了大量与上述情形一致的预测。

下面我概括性地将我认为是库兹韦尔关于人工智能最重要的预测部分浓缩进一个世纪的四个 25 年里。预测的内容，在 25 年的交点会有一些部分相同。我尽可能清晰地划分界限。

21 世纪的第一个 25 年

1. 1000 美元的计算机的计算能力等于人脑的计算能力（每秒 20 万亿次计算）。我们正在谈论原始计算能力，而不是完全模仿人脑的计算机。

2. 人工智能会有许多特定的"智能"应用程序，例如翻译电话内容，将讲话内容转录成电脑文本，让耳聋的人可以理解我们说的话；还有开发机器人假腿，让截瘫者能够行走；再有协助盲人阅读文本等。

21 世纪的第二个 25 年

1. 1000 美元的个人电脑比人脑强大 1000 倍。在这种背景下，我们谈论的是一台完全模拟并超出人脑计算能力的计算机。

2. 为直接连接大脑而设计的计算机植入物面世。它们能够增强自然感觉和大脑高级功能，如记忆力、学习能力和智力。

3. 人工智能的兴起会引发一场"机器人权利"运动。还会出现关于机器应该有哪些权利和法律保护的争论。

4. 高度电子化增强的人和电子植入物程度很低的人会

争论到底人类该由什么构成。

5.在21世纪中叶前后，会出现奇点，人类失去控制或预测技术发展的能力。智能机器执行所有技术开发，有机人类无法理解这些开发工作。

21世纪的第三个25年

1.1000美元可以购买一台电脑，比地球上所有人加在一起的智力还要高十亿倍。

2.人工智能超越有机人类，成为地球上最聪明、最有能力的生命形式。

3.机器陷入一种自我改进周期带来的失控反应。新一代人工智能会更快更好。

21世纪的最后一个25年

1.奇点成为改变人类历史进程和世界的颠覆性事件。

2.激进式的人类灭绝成为可能。但库兹韦尔认为这种情况不太可能，因为电子增强人和上传人（即意识被上传到强人工智能机器的人）的出现，人类和机器之间没有明显区别。

3. 在 21 世纪末，机器具有与人类同等的合法地位。

本章的目的是提高我们对人工智能带来的积极机会和消极挑战的认识。从某种意义上讲，上述情况令人担忧，但是拥有关于它们的更多知识则给我们提供了巨大的机会。我们应该做什么？人类应该走哪条路？

也许我们现在所知道的已经领先了一点。但是如果不去了解更多的人工智能，就很难判断人工智能如何发展。因此下一章将从头开始。

● 人工智能技术悄无声息地进入我们的生活。围绕我们的大部分技术在我们上一代是不存在的。

● 知识倍增曲线的增速，使得在任何专业领域保持最新状态变得几乎不可能。

● 人类尤其欢迎人工智能在医疗技术领域的发展。从某种意义上说，一些人已经成为电子人，即一部分是机器，另一部分是人。

● 库兹韦尔关于人工智能的预测：

○ 在21世纪的第二个25年期间，人工智能计算机比人脑更强大。

○ 在21世纪中叶前后，奇点出现。人类失去控制或预测技术发展的能力。智能机器执行所有的技术开发，而有机人类（即没有强人工智能植入物的人）无法理解这些开发工作。

○ 到21世纪的第三个25年，1000美元可以购买到一台比地球上所有人加在一起都要聪明十亿倍的电脑。人工智能超越有机人类，成为地球上最聪明、最有能力的生命形式。

○ 到21世纪的最后一个25年，奇点成为改变人类历史进程和世界的颠覆性事件。

人工智能大爆炸
AI时代的人类命运

○ 激进式的人类灭绝成为一种可能，但是因为电子增强人和上传人的出现，人类和机器之间没有明显区别，似乎又不太可能。请大家保留对此的判断，我将在后面的章节中广泛讨论强人工智能机器对人类构成的威胁。

○ 在 21 世纪末，机器具有与人类同等的合法地位。这就是库兹韦尔的预测，我将在后面的章节中讨论机器应具有哪些合法权利。人们担心的是，拥有与有机人类同样的合法权利的智能机器（比有机人类聪明几千倍）可能会成为主要的物种，从而阻碍人类的生存。我将在后面的章节中对此进行广泛的讨论。

第二章

人工智能的开端

我并不认为人类的智慧有任何独特之处。人的大脑中组成感知和情绪的所有神经元都以二元方式运作。终有一天我们可以在机器上复制它们。

——比尔·盖茨（Bill Gates）
美国企业家，微软公司创始人

虽然"人工智能"一词也就只有大约半个世纪的历史，但智能思考机器和人造生物的概念却可以追溯到古代。例如，希腊神话中的"克里特岛的塔洛斯"就讲述了一个名叫塔洛斯的青铜巨人每天都会巡查全岛三遍，防止海盗和入侵者伤害克里特岛的女王欧罗巴。古埃及人和希腊人崇拜仿真偶像和人形机器人。到了19世纪和20世纪，智能人造生物在小说中就经常出现，其中，最为人所知的可能就是玛丽·雪莱（Mary Shelley）的《弗兰肯斯坦》（*Frankenstein*）了。这部小说于1818年在伦敦首次匿名出版（作者玛丽·雪莱的名字出现在第二版，于1823年在法国出版）。此外，这些关于"智能生物"的故事道出了人们对人工智能怀有同样的希望和关心。

逻辑推理，有时也称为"机械推理"，这个概念的起源也很早，至少可以追溯到像毕达哥拉斯和赫拉克利特这样的古典希腊哲学家和数学家。通过遵循严格的逻辑推理可以解决数学问题的概念最终产生了计算机编程。很多的数学家，如英国的数学家、逻辑学家、密码分析家和计算机科学家艾伦·图灵（Alan Turing）就曾经提出，一台机器可以通过使用"0"和"1"序列（二进制编码）来模拟任何数学推论。

人工智能的诞生

由约翰·麦卡锡（John McCarthy）、马文·明斯基（Marvin Minsky）、艾伦·纽厄尔（Allen Newell）和赫伯特·西蒙（Herbert Simon）等人组成的一个研究小组，从神经学、信息论和控制论中的一些发现成果中得到了启发，从而开始考虑构建电子大脑的可能性。1956年，他们在达特茅斯学院召开的一次研讨会上创立了人工智能这一学科。不久之后，他们和他们的学生们的研究工作很快就震惊了世界，因为他们编制的计算机程序教会了计算机去解答代数应用题、提供逻辑定理，甚至还可以讲英语。

人工智能领域的研究工作很快引起了美国国防部的关注，到20世纪60年代中期，美国国防部已经在人工智能研究上投入了大量的资金。随着这些资金的投入，人们对人工智能研究工作的乐观度更高了。当时，达特茅斯学院的赫伯特·西蒙预言道："机器在20年内能够胜任人类所做的任何工作。"而马文·明斯基不仅赞成这个观点，而且还补充道："在一代人的时间之内……创造'人工智能'的问题，将基本上得到解决。"

但是很显然，他们俩都低估了复制人脑智力所需要的硬件和软件的水平了。然而，通过设定极高的期望，他们欢迎人们对此进行监督。随着时间的流逝，人工智能发展的实际情况明显并未达到他们的预期。1974 年，投入人工智能开发的资金开始趋于枯竭，美国和英国迎来了所谓的"人工智能严冬"时期。

20 世纪 80 年代初期，随着模拟人类专家决策能力的专家系统和计算机系统的研发成功，人工智能研究又重燃希望。这意味着计算机软件可以通过编程，然后像特定领域的专家那样"思考"，而不是像传统编程那样服从软件开发人员设定的常规程序。直到 1985 年，人工智能研究的资金龙头重新打开，并且很快以每年超过 10 亿美元的速度流出。

然而，1987 年，以 Lisp（为研究人工智能而开发的计算机语言）机器的市场推广失败为开端，人工智能的研发资金再次陷入枯竭。Lisp 机器是由麻省理工学院人工智能实验室程序员理查德·格林布拉特（Richard Greenblatt）和托马斯·奈特（Thomas Knight）于 1973 年研发的，他们还一同创立了 Lisp 机器公司（Lisp Machines Inc.）。这台机器是第一台使用 Lisp 编程（一种高端编程语言）的商用单用户高端微型计算机。从某种意义上说，它也是第一个专为技术和科学应用而设计的商用单用户工作站（即非常高级的计算机）。

虽然 Lisp 机器率先推出了许多通用的技术，包括激光打印、视窗系统、电脑鼠标以及高分辨率位图图形技术等，但它们的市场接受度却非常低，到 1988 年仅售出了约 7000 台，每台机器售价高达 7 万美元。此外，Lisp 机器公司在如何改善市场地位方面陷入了复杂的内部纷争，这很快导致了公司的分裂。更为糟糕的是，更便宜的台式电脑很快就能够运行 Lisp 程序，甚至比 Lisp 机器更快。1990 年，绝大多数生产 Lisp 机器的公司停业，这导致人工智能研究工作进入了第二次而且持续时间更长的"严冬"。

计算机软件、硬件的协同发展效应

从 20 世纪 60 年代中期到 90 年代中期，人工智能研究经费的投入经历了一个如同过山车般不可思议的高低起伏过程。但是从 20 世纪 90 年代后期至 21 世纪初，人工智能研究工作又开始复苏，在物流、数据挖掘、医疗诊断乃至整个技术行业的许多领域发现了新的应用。以下几个因素决定了这项研究工作的成功。

1. 计算机硬件的计算能力现在已经接近于人脑（即最好的情况是有人脑的 10%到 20%）。

2. 工程师们的研发重点是解决特定问题，这些问题不需要人工智能跟人脑一样灵活。

3. 人工智能和其他解决相似问题的领域的联系日益增

强。人工智能也确实在进步，但它本身并未受到更多的关注。它现在还隐藏在一些应用程序的背后，与此同时，一个新的词语进入了我们的词汇表——"智能"，例如"智能手机"。下面是近 15 年来，人工智能已经取得的一些显而易见的成就。

（1）1997 年，IBM 的超级国际象棋电脑"深蓝"成为世界上第一台击败国际象棋世界冠军加里·卡斯帕罗夫（Garry Kasparov）的电脑。在六场比赛中，"深蓝"取得了两胜一负三平的战绩，在此之前，还没有电脑能够击败人类国际象棋大师。这一胜利登上了全球的头条新闻，并且成为一个让人工智能深入人心的里程碑。

（2）2005 年，由斯坦福大学设计研发的一台机器人在一条荒凉小道上自动行驶了 210 千米（约 131 英里），赢得 DARPA（美国国防高级研究计划局）的无人驾驶技术挑战赛大奖。

（3）2007 年，卡耐基梅隆大学的 Boss 自动驾驶 SUV（运动型多用途车）在与人类驾驶车辆共享的模拟城市环境中快速而安全地行驶了 88 千米（约 55 英里），并且赢得了 DARPA 城市挑战赛。

（4）2010 年，微软正式发布了 Kinect 运动传感器，该运动传感器为 Xbox 360 游戏机和 Windows 个人电脑提供了 3D 体感接口。根据 2000 年以来的吉尼斯世界纪录，

Kinect 在 2011 年年初的头 60 天里一共售出 800 万台，创下了"最畅销的消费电子设备"的纪录。截至 2012 年 1 月，已有 2400 万个 Kinect 传感器发货。

（5）2011 年，在热门电视智力竞赛节目《危险边缘》（*Jeopardy*）的一场表演赛中，一台名为沃森（Watson）的 IBM 电脑击败了《危险边缘》节目史上最伟大的冠军布拉德·鲁特（Brad Rutter）和肯·詹宁斯（Ken Jennings）。

（6）2010 年和 2011 年，苹果公司在苹果应用商店中为各种应用提供了 Siri 语音识别软件，例如将其合成到谷歌地图中。2011 年下半年，苹果还将 Siri 装入新的 iPhone 4S 中，并移除了应用商店里的 Siri 应用。

（7）2012 年，"马德里卡洛斯三世大学的科学家们……提出了一种基于人工智能的新技术，该技术可以自动创建计划，在资源有限时以比当前方法更快的速度解决问题。这种方法可以应用于物流、机器人自主控制、灭火和在线学习等领域"。

以上只是列出了人工智能领域的一些重要事件。人工智能现在无所不在——我们的手机、电脑、汽车、微波炉以及几乎所有标记为"智能"的民用或商用电子系统都有它。资金也不再只由政府一力掌控，而是正在被为数众多的民用和商业应用所支撑。

过去通向"专家系统"或"智能"之路都是面向一

些特定的有明确界定的应用。21世纪头十年，专家系统已经变得司空见惯了。人们通过电脑开药物处方并用智能手机或汽车导航系统为去药店提供实时导航，这都已经是很平常的事了。显然，人工智能现在已经成为高度发达国家的不可或缺的社会组成部分。然而，有一种因素依然缺失，那就是人类的情感（即人类情绪的感觉和表达）。如果你打电话给药房开处方药，人工智能程序不会对你生病表示任何的同情，可是如果是药房的店员，他们很可能会表示同情，也许还会这样说："我很抱歉您感觉不舒服，我们会尽快给您开药。"当你用智能手机进行导航时，如果在去药店的路上该转弯没转，它也不会生气或责备你，它要么让你掉头要么为你规划一条新的行车路线。

虽然有可能通过编写一些基本要素的程序来模拟人类的情绪，但电脑并没有真正感受到这种情感。例如，计算机程序可能会要求"请稍等，我们正检查是否有库存处方药"，并在一段时间后说"谢谢你的等待"。然而，这只是模仿礼貌和感谢的基本程序设计，电脑本身并没有感情。

在21世纪的第一个10年结束时，人工智能慢慢地深入到我们现代社会的方方面面。人工智能在已经很普遍的专家系统后台发挥作用。随着软件和硬件技术的进步，我们对人工智能的预期也在持续增长。花上30秒等待电脑程序做一些事似乎是永恒那么久。现在，智能手机几乎不会弄错任何方向和路线。事实上，随着GPS的出现，智能手机会提供行驶路线以及车辆的准确位置，并估算需要多久能够到达目的地。

像我一样在半导体行业工作的人都清楚地知道计算机硬件的发展和专家系统的出现是不可避免的。就是一般的消费者也对计算机技术的迅猛发展感同身受。很多消费者抱怨说，他们新买的顶配的电脑在短短两年内就会落伍，这也就意味着速度更快、功能更强大的新一代电脑面世，而且价格通常低于上一代产品。

对于我们半导体行业的从业人员来说，这一点是显而易见的。例如，在20世纪90年代早期，很多半导体公司购买了电路设计工作站（即模拟人类集成电路设计工程师的决策能力的计算机系统），每个工作站的成本为10万美元左右，而仅仅两年时间，人们就可以在市场上以这个成本的一小部分价格买到同级的产品。其实我们清楚地知道这一切会发生，因为集成电路业的成长自从它们出现就一直不懈地遵循着摩尔定律。那么，什么是摩尔定律？答案就在下一章。

● 智能机器和人造生物的概念可追溯回古代。

● 逻辑推理有时被称为"机械推理",这个概念的起源也很早。

● 大约在 20 世纪中叶,像艾伦·图灵这样的数学家就曾提出一台机器可以通过使用"0"和"1"序列(二进制编码)来模拟任何数学推论。

● 1956 年,基于从神经学、信息论和控制论中的一些发现成果中得到的启发,并基于计算机软件、硬件技术的进步,约翰·麦卡锡、马文·明斯基、艾伦·纽厄尔和赫伯特·西蒙等人在达特茅斯学院召开的一次研讨会上创立了人工智能这一学科。

● 20 世纪 60 年代中期,人工智能研究得到了美国国防部的大力资助。然而,由于预期不尽如人意,从 20 世纪 60 年代中期到 90 年代中期,人工智能研究经费的投入经历了一个如同过山车般高低起伏的过程,高点达每年 10 亿美元,低点则资金近乎枯竭,史称"人工智能严冬"。

● 20 世纪 90 年代后期到 21 世纪初,人工智能开始复苏,在物流、数据挖掘、医疗诊断和整个技术行业的许多领域发现了新的应用。

- 人工智能的复苏是由于专家系统的出现，其专注于解决明确的特定应用。以下一些原因让专家系统的应用成为可能：
  - 计算机硬件计算能力越来越接近人脑。
  - 软件工程师们把重点放在解决特定的具体问题上。
  - 科学家们强化了人工智能和其他解决类似问题的领域之间的联系。
- 21世纪的头十年后期，人工智能已经变得司空见惯，并植入于现代社会多种多样的应用中。

第三章

看似一成不变的摩尔定律

技术变革不是新事物，新技术进步速度呈指数级增长才是，其结果是全球社会的互联性日益增强。

——威廉·H. 德雷帕三世（William H. Draper Ⅲ）
《风险投资的游戏》（*The Startup Game*, 2011 年）

英特尔联合创始人戈登·E. 摩尔（Gordon E. Moore）首先注意到了一个奇怪的趋势，即集成电路中的元器件数量从 1958 年集成电路发明到 1965 年每年都翻一倍。用摩尔自己的话说："最小组件成本的复杂性每年以大约两倍的速度增长……当然，在短期内，如果不加速，可以预期维持这个速度。从长远来看，增长率更不确定，尽管没有理由相信 10 年内这个增长率会变。这意味着到 1975 年，每个集成电路的最小成本元器件数量将达到 6.5 万个。我相信这样一个大的电路可以制作在一个单晶片上。"（戈登·E. 摩尔，《电子学》杂志，《让集成电路填满更多的组件》，1965 年）

1970 年，加州理工学院教授、超大规模集成电路先驱、企业家卡弗·米德（Carver Mead）创造出"摩尔定律"一词，指的是戈登·E. 摩尔所做的一个声明，以及在科学界流行的一句话。

1975 年，摩尔修改了他关于集成电路元器件数量的预测：每两年翻一倍。英特尔高管大卫·豪斯（David House）指出，由于不仅有更多的晶体管，而且晶体管本身的速度也越来越快，所以摩尔的最新预测将使计算机性能每 18 个月翻一倍。

从上面的讨论中可以看出，摩尔定律已经有了多种说法，并随着时间的推移而发生了变化。严格来说，这不是一个物理定律，更多的是对计划的观察和指导。实际上，许多半导体公司都使用摩尔定律来规划公司的长期产品供应。坚持摩尔定律的半导体行业有一个根深蒂固的信念，就是要保持竞争力。从这个意义上说，它已经成为一个自证预言。为了理解人工智能，我们来解释下面这个问题。

什么是摩尔定律?

摩尔定律适用于人工智能，我们将摩尔定律定义如下：一个集成电路的数据密度和相关的计算机性能在有成本效益的情况下每18个月翻倍。如果我们考虑18个月来代表一代技术，这意味着每18个月，我们的数据密度和相关的计算机性能就会以与上一代技术的大致相同的成本获得双倍的增长。包括摩尔在内的大多数专家都认为摩尔定律至少要持续20年，但这是有争议的，我将在本章后面讨论。

如前所述，摩尔定律不是科学的物理定律。相反，它可能被认为是一种趋势或一般规则。这引出了以下问题。

摩尔定律会持续多久？

关于摩尔定律会持续多久的预测有很多。它不是物理定律，因此它的适用性经常受到质疑。大约在过去的半个世纪里，在不同的时间点，每次都预测摩尔定律只会再持续 10 年，结果它持续了近 50 年。

2005 年，戈登·E.摩尔在一次采访中表示摩尔定律"不能永远持续下去。指数的本质是你推动它们，最终发生灾难"。摩尔指出，晶体管最终将达到原子级最小化的极限。"就晶体管的尺寸而言，你可以看到我们正在接近原子的大小，这是个根本的界限，但是还需要两到三代的时间我们才能到达，不过我们已经能看到那么远了。我们再有 10 到 20 年的时间才能达到这个界限。"

然而，新技术正开始使用分子定位，完全取代晶体管。这意味着电脑"开关"不会是晶体管，而是分子。分子会成为新的开关。这项技术运用预计会在 2020 年出现〔巴蒂斯特·瓦尔德纳（Baptiste Waldner），《纳米计算机和群体智能》，2008 年〕。

有些人认为摩尔定律会延续到未来。劳伦斯·克劳斯（Lawrence Krauss）和格兰·D.斯塔克曼（Glenn D. Starkman）预测约 600 年才到极限（劳伦斯·克劳斯，格兰·D.斯塔克曼，《计算的极限》，2004 年 5 月 10 日）。

我在半导体行业工作了 30 多年，在这段时间里，摩尔定律好像总是要达到一个不可逾越的界限。但是，这并没有发生。新技术似乎不断地让其延期执行。我们知道，在某个时候，趋势可能会变化，但没有人能够确定这种趋势何时结束。预测何时结束的困难在于如何解释摩尔定律。如果选择摩尔的原始解释，即将其定义为置于集成电路上的晶体管数量，则终点可能在 2018 年至 2020 年；如果将其定义为"集成电路的数据密度"，正如我们在人工智能方面所做的那样，就消除了晶体管的限制并开辟了一系列新技术，包括分子定位。

摩尔定律会再维持 10 年还是 600 年？没有人真正知道答案。大多数人认为，这个趋势最终会结束，但是何时结束和为什么会结束仍然是未解决的问题。如果这个趋势结束了，摩尔定律不再适用，另一个问题就出现了。

什么会取代摩尔定律?

雷·库兹韦尔以与我们定义大致相同的方式来看待摩尔定律，不是与特定技术相关联，而是作为"预测加速性价比的模式"。从库兹韦尔的观点来看：集成电路的摩尔定律不是第一个，而是预测加速性价比的第五种模式。计算设备的功率（每单位时间）一直不断地增加，从 1890 年美国人口普查中使用的机械计算设备，到纽曼的基于继电器的破解洛伦兹密码的"希思·罗宾逊"机器，到预测艾森豪威尔选举的 CBS 真空管计算机，再到第一次太空发射中使用的基于晶体管的机器，以及基于集成电路的个人电脑。（雷·库兹韦尔，《加速回报定律》）

从更广泛的意义上说，摩尔定律不是晶体管或特定技术。在我看来，这是一个与人类创造力有关的范式。遵循摩尔定律的未来计算机可能基于一些与当前集成电路技术几乎完全不同的新型技术（例如光学计算机、量子计算机、DNA 计算）。看起来摩尔真正发现的是人类以经济有效的方式加速技术性能的能力。

下一章将解释摩尔定律是如何引出智能代理的。

● 摩尔定律不是真正意义上的科学物理定律。它是对计算机技术相关趋势的观察。

● 摩尔定律指出，集成电路的数据密度和相关的计算机性能每 18 个月将以经济有效的方式翻倍。

● 摩尔定律准确预测了半个多世纪以来经济有效的计算机的技术进步趋势。

● 没有人知道摩尔定律将持续多久。预测从几十年到 600 年不等。

● 摩尔定律可能被视为与人类技术创造力有关的范式，预测计算机技术的性价比将加速。从这个观点出发，我们可以设想，遵循摩尔定律的未来计算机可能基于一些与当前集成电路技术几乎完全不同的新型技术（例如光学计算机、量子计算机、DNA 计算）。

〈 第四章 〉

智能代理的兴起

35 年的人工智能研究历史的主要教训是，难题解决起来简单，而看似容易的问题却不好解决。我们很理所应当地觉得一个 4 岁儿童的心智表现，比如识别一张脸、拿起一支铅笔或者穿过一个房间、回答一个问题，实际上解决了一些有史以来最困难的工程问题……随着新一代的智能设备的出现，股票分析师、石化工程师和假释委员会成员等这些职业很有可能被机器所取代，而像园丁、接待员和厨师这样的职业可能在未来几十年都会存在。

——史蒂芬·平克（Steven Pinker）
《语言本能》（2012 年）

智能机器的发展之路一直都很艰难，充满急转弯、陡坡、裂缝、坑洼、十字路口，少有出现平坦笔直的道路。人工智能创始人约翰·麦卡锡、马文·明斯基、艾伦·纽厄尔和赫伯特·西蒙早先的过度乐观被历史证明是不切实际的。如果按照他们的预测，现在每个家庭都应该有仿人机器人来烹饪、清洁、打扫后院以及干其他的家务活。

在我的职业生涯中，我管理过数百名科学家和工程师。根据我的经验，在大多数情况下，他们是一个容易过于乐观的群体。当他们说已经干完某件事的时候，通常意味着这只是测试或检查的最后阶段。而当他们说将在一周内解决某个问题时，通常意味着需要一个月或者更长的时间。无论他们给我们管理层怎样的进程表，我们通常都会延长时间，有时甚至会翻倍，然后再做我们的计划或者给客户进程表。乐观是他们天性的一部分，他们认为可以毫无困难地完成那些与目标相连的任务，甚至做一个实验就可以解决问题。通常的情况是，如果你问他们一个简单的问题，你会得到一个"万有定律"似的答复；要是问他们一个难题，那么答案是天马行空的，有可能会涉及人类历史。这里我略微夸张地表达了一个观点，尽管听起来很幽默，但却是我想说的核心问题。

这种乐观态度一直伴随着人工智能的建立过程。创始人们做着甜美的梦，而我们也想要相信它。我们希望世界变得更加轻松，希望智能机器能够帮我们完成繁重的任务和无聊的日常琐事。其实我们不需要去想象它，科幻类电视剧作家已经为我们设想了这一点，比如《星际迷航》（*Star Trek*），而且我们也愿意相信十年以后我们就能见到类似《星际迷航：下一代》里戴塔少校（Lieutenant Commander Data）那样的人工生命形式。但是，这和现实相去甚远。人工智能领域不会在一夜之间改变世界，甚至十年也做不到。在过去的半个世纪，人工智能好像忍者一样，披着智能应用的外衣，慢慢地、不知不觉地进入到我们的生活里。

经过几次反复和两次寒冬之后，人工智能的研究人员和工程师逐渐推动人工智能步入正轨。他们不是去打造一个全能的智能机器，而是专注于开发有特定用途的应用。为了开发这些应用，研究人员为特定的智能系统寻找各种方法。当开发应用实现之后，他们便开始整合这些方法，拉近了我们和通用人工智能之间的距离，使通用人工智能等同于人类智能。

许多不从事专业科学研究的人认为，科学家和工程师在开发和应用新技术时都会遵循严格有序的流程，有时被称之为"科学方法"。让我来消除这种误解吧，这根本不是真的。在许多情况下，接触科学领域有多个不同的角度和方法，而这些方法取决于相关人员的经验和范例。人工智能研究尤其如此，这一点很快就会得到印证。

要理解的一个最重要的概念，就是至今仍然没有一个统一的理论来指导人工智能研究。研究人员彼此意见不一，问题也总是比办法多。以下是仍然困扰人工智能研究的两个主要问题。

1. 人工智能应当模仿人类智能，被纳入心理学和神经学的范畴，还是根本就和人类生物学无关？

2. 模仿人类心智的人工智能是否可以用简单的原理（如逻辑和机械推理）来开发，还是需要解决大量完全不相关的问题来开发？

为什么上述问题仍然困扰着人工智能的研究？让我们来看一些例子。

1. 其他科学领域也出现过类似的问题。例如，在航空学创立的初期，工程师们也曾质疑飞行器是否应该纳入鸟类生物学。最终，航空学被证明跟鸟类生物学完全无关。

2. 在谈到解决问题时，人类非常依赖自己的经验，并且还会通过推理来强化它。例如，在商业领域，遇到的每一个问题都有很多解决方案，而所选择的解决方案又会偏向于所涉及的范例。比如，如果问题与增加产品的产量有关，一些管理人员可能会增加更多的劳动力，有些可能会提高生产率，还有些则会同时兼顾。我一直认为，我们在行业中遇到的每一个问题都至少有十个解决方案，其中八个解决方案虽然不同，但带来的结果却相同。然而，如果你看一下前面的例子，你可能会相信，相对于增加劳动力而言，提高效率是一种更优（即更高级）的解决方案。但是提高效率，需要花费时间和金钱。在许多情况下，增加劳动力是更实际的方案。我的观点是，人类通过使用他们积累的生活经验来解决问题并通过推理增加他们的生活经验，而这些经验甚至可能与需要解决的具体问题并不直接相关。考虑到人类思考问题的方式，要问问智能机器是否必须以类似的方式解决问题是很自然的，即通过解决许多不相关的问题作为所需特定解决方案的途径。

人工智能的科学研究工作可以追溯到早在人工智能领域拥有正式名称之前的 20 世纪 40 年代。人工智能在 20 世纪 40 年代和 50 年代的早期研究都集中在试图通过使用基础的控制论（即控制系统）来模拟人脑。控制系统使用两步法来控制其环境。

1. 控制系统采取的一个行动会让它所处的环境产生一些变化。

2. 控制系统能感应到触发系统发生的变化（也就是反馈）。

这种控制系统的一个简单例子就是温控器。如果设定了某个温度，例如 72 华氏度（约 22 摄氏度），当温度降至设定温度以下，温控器就会启动暖气炉。如果温度升高到设定温度以上，温控器就会关闭暖气炉。然而，在20世纪40年代和50年代，大脑模拟和控制论的整个领域都只是一个超前的概念，虽然这些领域的重要观点和成果得以保留，但是随着20世纪50年代中期计算机的普及，大脑模拟和控制论的方法实际在很大程度上被放弃了。

随着在20世纪50年代中期电子数字可编程计算机的使用，人工智能研究人员开始关注用数字符号控制（即使用数学表达式，就像在代数学中那样）来模拟人类智能。那时，卡耐基梅隆大学（Carnegie Mellon University）、斯坦福大学（Stanford University）和麻省理工学院（MIT）引领了这方面的工作，这三所大学都有各自的研究风格，美国哲学家约翰·豪格兰（John Haugeland）称这种研究为"老式人工智能"（GOFAI）。

从20世纪60年代到70年代，符号方法在特定应用程序中模拟高级思维取得了成功。例如，1963年，麻省理工学院人工智能研究小组的丹尼·博布罗（Danny Bobrow）的技术报告证明，计算机可以很好地理解自然语言并正确解决代数字段问题。符号方法的成功使人们更加相信这种方法最终能够成功地创造出一种有通用人工智能的机器，也就是所谓的"强大的人工智能"，即相当于人类智能。

然而，到了 20 世纪 80 年代，已经走上了正轨的符号方法却没有实现通用人工智能这一目标。许多人工智能研究人员认为符号方法永远不会仿真人类认知的过程，如感知、学习和规律识别。接下来就是一个小幅度的倒退，出现了一个被称为"亚符号"的人工智能研究新时期。研究人员将注意力转向解决较小的特定问题，而不是尝试继续研发通用人工智能。例如，澳大利亚计算机科学家、麻省理工学院松下机器人学教授罗德尼·布鲁克斯（Rodney Brooks）等研究人员拒绝了符号人工智能。相反，他专注于解决与机器人活动有关的工程问题。

在 20 世纪 90 年代，在使用亚符号方法的同时，人工智能研究人员开始采用统计方法去解决具体问题。统计方法涉及高等数学，而且因为它们可衡量和可验证，所以是真正科学的。统计方法被证明是非常成功的人工智能研究方法。支撑统计型人工智能的高等数学能够与更多成熟领域合作，包括数学、经济学和运筹学。计算机科学家斯图尔特·拉塞尔（Stuart Russell）和彼得·诺维格（Peter Norvig）形容这一转变是"整齐"对"杂乱"的胜利，"整齐"和"杂乱"是人工智能研究的两大对立学派的形象说法。"整齐"学派声称人工智能解决方案应该是优雅、清晰和可证明的；而"杂乱"学派则坚持认为智能是非常复杂的，根本无法遵循整齐划一的方法。

从 20 世纪 90 年代到现在，尽管"整齐"学派、"杂乱"学派以及其他人工智能研究学派之间存在争论，人工智能领域的一些大的成功的确是合并各种方法的结果，这导致了所谓的"智能代理"。智能代理是一个与其所处环境交互作用，并采取计算行动（即根据其成功概率）来实现其目标的系统。智能代理可以是简单的系统，例如温控器；也可以是复杂的系统，如概念上类似于人类。智能代理也可以组合成多代理系统，拥有类似大型企业一样的分层控制系统，从而将低端的亚符号人工智能系统与更高级的符号人工智能系统连接起来。

智能代理方法，包括智能代理的集成以形成多代理的层次结构，对用来实现目标的人工智能方法不设限制。智能代理方法的重点在于取得成果，而不是争论。事实证明，取得最大成果的关键在于整合各种方法，就像交响乐团整合各种乐器来表演交响乐一样。

在过去的 70 年中，实现人工智能的方法更像是机枪对着目标扫射而不是像步枪那样瞄准目标点射。在此期间，许多人工智能研究学派都推动了技术的发展。从仿真人类心智的最高目标开始，回到解决具体特定问题的目标，现在再以人工通用智能为目标，人工智能研究就是人类技术发展的一个近乎完美的例子，它是反复试验学习的典范。

虽然人工智能在过去 70 年中走过了一段漫长的道路，并且在特定领域（例如国际象棋）中能够达到并超过人类智能，但总体上它仍然不及人类智能或者强人工智能的高度。有两个重要问题与强人工智能相关：首先，我们需要一台处理能力与人脑相当的机器；其次，我们需要允许这种机器模拟人脑的程序。在下一章中，我将设法解决第一个问题，即开发一种具有与人脑原始处理能力相同的机器。

● 没有统一理论指导人工智能研究。

● 人工智能研究的历史可以追溯到 20 世纪 40 年代和 50 年代，并且试图用基本的控制论（即控制系统）来模拟人脑。

● 在 20 世纪 50 年代中期，使用计算机的人工智能研究人员开始聚焦使用数字符号控制（即使用数学表达式，就像代数学中那样）来模拟人类智能。

● 从 20 世纪 60 年代到 70 年代，符号方法在特定应用中模拟高级思维方面取得了成功，激发了人们相信符号方法最终会产生能模拟人类智能的通用人工智能或强人工智能的信念。

● 到了 20 世纪 80 年代，已经走上了正轨的符号方法却没有实现通用人工智能这一目标。接下来就是一个小幅度的倒退，出现了一个被称为"亚符号"的人工智能研究新时期。研究人员将注意力转向解决较小的特定问题，而不是尝试继续研发通用人工智能。

● 在 20 世纪 90 年代，在使用亚符号方法的同时，人工智能研究人员开始采用统计方法去解决具体问题并与更多成熟领域合作，包括数学、经济学和运筹学。

● 从 20 世纪 90 年代到现在，人工智能领域的大的成功是合并各种方法的结果，这导致了所谓的"智能代理"。智能代理是一个与其所处环境交互作用，并采取计算行动（即根据其成功概率）实现其目标的系统。智能代理也可以组合成多代理系统，拥有类似大型企业一样的分层控制系统，从而将低端的亚符号人工智能系统与更高级的符号人工智能系统连接起来。

● 虽然人工智能在过去 70 年中走过了一段漫长的道路，并且在特定领域（例如国际象棋）中能够达到并超过人类智能，但总体上它仍然不及人类智能或强人工智能的高度（即完全等同于人类心智）。

第五章

原始处理能力等同人脑

人脑有大约 1000 亿个神经元。按照每个神经元与它的邻居之间有 1000 个的平均连接数量估计，我们有大约 100 万亿个连接，每个连接都可以同时计算……（但是）每秒只有 200 次计算……有 100 万亿个连接，每个连接以每秒 200 个计算，我们每秒得到 20 千万亿次计算。这是一个相对保守的估计……到 2020 年，（大规模并行神经网络计算机）连接计算将增加约 23 倍（从 1997 年 2000 美元的中小型并行计算机，每秒可执行大约 20 亿次连接开始计算），速度将是每秒约有 20 千万亿次的神经连接计算，这与人脑相当。

——雷·库兹韦尔（Ray Kurzweil）
《机器之心》（1999 年）

如果我们从计算机角度来观察人脑，一种方法就是采用每秒钟的一般人脑能够处理的计算次数，并将其与当今最好的计算机进行比较。这不是一门精确的科学。没有人真正知道人脑每秒可以处理多少次计算，但有些估计认为它的数据量为 36.8 千万亿次浮点计算（36.8 petaflops，一个 petaflop 等于每秒 1 千万亿次计算）。让我们将人脑的处理能力与目前最好的计算机进行比较，按年份和处理能力的成绩列出如下：

1. 2012 年 6 月 18 日：位于美国劳伦斯利弗莫尔国家实验室（LLNL，Lawrence Livermore National Laboratory）的 IBM 红杉超级计算机系统达到每秒 16 千万亿次浮点计算，创造了世界纪录，并在当时最新的 500 强榜单（一个按照名为 LINPACK 的基准来排名前 500 的计算机榜单，LINPACK 基准与他们解决一组线性方程的能力有关，用来决定他们是否有资格参加 500 强榜单排名）中名列第一。

2. 2012 年 11 月 12 日：这个 500 强榜单按照 LINPACK 基准，认证由克瑞公司在橡树岭国家实验室开发的"泰坦"成为全球最快的超级计算机，达到每秒 17.59 千万亿次浮点计算。

3. 2013 年 6 月 10 日：中国的"天河二号"以每秒 33.86 千万亿次浮点计算创造纪录，被评为当时全球最快的超级计算机。

根据第三章讨论的摩尔定律，我们可以根据原始处理能力（每秒千万亿次浮点计算）推断，计算机处理能力将在 2015 年到 2017 年间达到或超过人类心智水平。这并不意味着到 2017 年我们会有一台与人类心智相同的电脑。软件在处理能力（MIPS，每秒处理的百万级指令数）和人工智能两方面都起着关键作用。

为了理解软件扮演的关键角色，必须了解我们要求人工智能在模拟人类智能方面需要完成哪些任务。以下是研究人员认为的必要能力。

推理：人类用来解决问题或做出合乎逻辑的决定的分步推理。

知识：广泛的知识，类似于受过教育的人所拥有的知识。

规划：制定目标并实现目标的能力。

学习：通过经验获取知识并利用这些知识改进的能力。

语言：理解人类会话和书写的语言能力。

移动：移动和导航的能力，包括知道相对于其他物体和障碍物的位置。

操纵：保护和掌控物体的能力。

视力：分析视觉输入的能力，包括面部和物体识别。

社交智商：识别、解释和处理人类心理和情绪并做出适当反应的能力。

创造力：生成可以被认为有创造力的产出能力或者识别和评估创造力的能力。

这些能力清楚地表明，原始计算机的处理和传感只是模拟人类思维的两个要素。显然，软件也是一个关键要素。上面描述的每个能力都需要一个计算机程序。为了模拟人类心智，计算机程序既需要独立执行，也需要交互式执行，采用何种方式取决于具体环境。

在原始计算机处理方面，随着中国天河二代计算机的发展，我们开始拥有一台具有人类原始处理能力的计算机。然而，由于软件和传感的需求，开发一种模拟人类心智的计算机可能还需要一二十年，甚至更久的时间。

创造一台有强人工智能和模拟人类心智的计算机离我们还有多远？没有人知道答案。在最近五十年的人工智能研究的任何特定时间点，开发具有强人工智能、模拟人类心智的计算机的目标好像是接近了，可能只有十年之遥。但是，即使计算机技术持续取得进步，这一目标仍然难以达到。

我们如何知道何时算实现了创造一个模拟人脑的强人工智能计算机的目标？1950年，艾伦·图灵提出"图灵测试"作为测试智能代理的一个方法。图灵测试要求人类"法官"在自然语言交谈中使人和具有强人工智能的计算机都参与其中。但是，没有一个参与者能够看到对方。如果人类"法官"无法区分人与具有强人工智能的计算机，那么具有强人工智能的计算机将被认为通过图灵测试。这个测试并不要求回答是正确的，只要人类"法官"难以区分。通过图灵测试需要与强人工智能相关的几乎所有主要功能与人脑相当。这是一个难度极大的测试，迄今为止还没有智能代理通过测试。

从 20 世纪 90 年代后期到现在，研究人员已经开发了新的测试来专门评估机器的智能。这些新的测试基于智能的数学定义，并且已经去掉了人类测试人员。这些测试声称是"超越"或优于图灵测试。然而，评估它们在科学界的接受度还为时过早。我提到他们是为了完整起见。图灵测试仍然是这些测试和其他测试用来作基准的黄金标准。

如今还没有智能代理或智能代理系统通过图灵测试。然而，在限定和界定清楚的问题上，评估与人类表现的比较结果，称为"专家图灵测试"，这被计算机科学家爱德华·费根鲍姆（Edward Feigenbaum）在 2003 年《ACM 期刊》（*Journal of the ACM*）中一篇题为《计算机智能所面临的一些挑战和重大挑战》的论文里首次提出。这些测试的结果分类如下，还有计算机人工智能能够应对各类挑战的某些应用实例。

最佳：不可能表现得更好。计算机人工智能的例子包括任何玩家可以打成平手的《井字游戏》，以及可以通过遵循特定算法解决的魔方。

强超人：这些计算机的表现比所有人都要好。计算机人工智能的例子包括《拼字游戏》和智力竞赛节目的提问回答游戏。《拼字游戏》属于"拆解游戏"类别，假设两个玩家都发挥完美，可以从任何角度正确预测。《拼字游戏》由阿伦·弗兰克在1987年使用官方拼字玩家词典（*Official Scrabble Players Dictionary*）拆解。智力竞赛节目的提问回答游戏依赖于存储在计算机硬盘上的巨大数据库，再结合计算机的机械推理来得出正确答案。本书第一部分第二章介绍了一个很好的例子。〔2011年在热门电视智力竞赛节目《危险边缘》的一场表演赛上，一台名为沃森（Watson）的IBM电脑击败了《危险边缘》最伟大的冠军布拉德·鲁特（Brad Rutter）和肯·詹宁斯（Ken Jennings）。〕

超人：这些计算机比大多数人表现得更好。计算机人工智能的例子包括国际象棋和填字游戏。国际象棋属于"完美游戏"类别（即不管对手的反应如何，玩家的行为或策略是导致该玩家获得最佳可能结果的原因）。国际象棋与强超人类别重叠，因为象棋游戏的电脑能够从某些残局位置（以残局表格基地的形式）中受益，这使得它可以在残局中的特定点发挥完美。步步高属于"拆解游戏"类别，有10的18次方（即"1"后面有18个0）个位置，这使得难以通过蛮力搜索来解决，蛮力搜索类似于国际象棋中残局位置玩法。然而，最好的西洋双陆棋程序在全世界玩家中也只能排名前二十。

近似人：这些计算机的表现与大多数人类相似。计算机人工智能的例子包括标准化光学字符识别（ISO 1073-1:1976）和围棋。用于光学字符识别的字体使用简单的触笔进行优化，形成人类和计算机可以轻松识别的可识别字符。围棋是一款双人棋牌游戏，起源于几千年前的中国，属于"部分拆解游戏"类别，双方用黑白棋子对着，互相围攻，吃去对方的棋子，以占据位数多的为胜。围棋具有看似简单的规则，但却需要丰富的策略，国际象棋大师伊曼纽尔·拉斯克（Emanuel Lasker）这么评价围棋："围棋的规则是如此优雅，有机且逻辑严密，如果智能生命形式存在于宇宙其他地方，他们几乎肯定会玩围棋。"

弱人类：这些计算机的表现比大多数人差。计算机人工智能的例子包括手写识别和翻译。每个人的手写都不同，很多情况下人类自己都不能读懂自己的笔迹。手写识别需要光学字符识别，但没有标准化，这使得这项任务变得特别困难。此外，一个完整的手写识别系统还必须包括格式化，对字符进行正确的分割，并找到最合理的单字。人类在这个领域胜过计算机。即使对于人类来说，翻译也很困难。并非所有语言都具有相同的内容。有些语言中的词在另一种语言中没有对应的词。另外，虽然计算机能够机械地把一种语言翻译成另一种语言，但结果只是"粗略的草稿"，其意义、意思和影响可能会丢失。事实上，人类语言沟通是要嵌入语境的，需要一个人理解语境。由于这些原因，人类通常比计算机翻译得更好。

鉴于上述讨论，让我们回到原来的问题：计算机模拟人脑的智能究竟需要什么？从严格的硬件角度来看，许多专家预测，十年内计算机将匹敌人脑的处理能力。然而，这并不意味着它们能模仿人脑的智能。

计算机模拟人脑智能所需要的功能是什么？要回答这个问题，我们首先要回答一个更基本的问题，即"什么是人的智能（智力）"。目前还没有一个被广泛接受的答案。这里有两个定义已经在科学界得到了一些认可。

1. "一种非常综合的心智能力，其中包括推理、计划、解决问题、抽象思维、理解复杂想法、快速学习和从经验中学习的能力。它不仅仅是通过书本学习狭隘的学术技能或考试技巧。相反，它反映了我们更广泛和更深入地理解周围环境的能力：'领会''意会'事物，或'想出'要做什么。"（出自《智力的主流科学》52名研究员的编者按，《华尔街日报》，1994年12月13日）

2. "个体在理解复杂想法，有效适应环境，从经验中学习，参与各种形式的推理，通过思考克服障碍方面的能力彼此不同。虽然这些个体之间差异很大，个体本身也从来没有完全一致：按照不同的标准判断，一个特定的人的智力表现会因不同场合、不同领域而相异。'智力'的概念是试图澄清和组织这些复杂的现象。尽管在一些领域已经取得了相当的清晰度，但是这样的概念还不能回答所有重要的问题，没有得到普遍认同。事实上，当最近有二十多位杰出的理论家被要求定义智力时，他们给出了二十多个不同的定义。"（《智力：知识与未知》，美国心理学协会科学事务委员会发表的一份报告，1995年）

这两个定义可以表明在尝试定义人的智力时所遇到的困难。然而，除其他特征外，这两个定义都要求有从经验中学习的能力。理解复杂的想法，解决问题和适应环境不足以定义人类的智力。到目前为止，我在本书已经介绍了智能机器可以掌握问题（通过符号和子符号方法），解决问题并适应环境。然而，我没有描述智能机器如何从经验中学习。这是下一章的主题。

- 目前我们对于人类智力的构成还没有一个被广泛接受的答案，这就表明了界定智能机器何时能模仿人脑之困难。

- 1950年，艾伦·图灵提出"图灵测试"作为测试智能代理的方法。图灵测试要求人类"法官"在自然语言交谈中使人和具有强人工智能的计算机都参与其中。但是，没有一个参与者能够看到对方。如果人类"法官"无法区分人与具有强人工智能的计算机，那么具有强人工智能的计算机将被认为已通过图灵测试。

- 目前还没有智能代理或智能代理系统能够通过图灵测试。

- 然而，在限定和界定清楚的问题上，评估与人类表现的比较结果，称为"专家图灵测试"。

  ○ **最佳**：不可能比这些计算机表现得更好。

  ○ **强超人**：这些计算机比所有人都表现得更好。

  ○ **超人**：这些计算机比大多数人表现得更好。

  ○ **近似人**：这些计算机表现类似于大多数人类。

  ○ **弱人类**：这些计算机比大多数人表现得差。

- 从严格的硬件角度来看，我们正在开发一款匹敌人脑处理能力的计算机。

第六章

能够自我学习的机器

不用明确编码就可以赋予计算机自我学习的能力。

——亚瑟·塞缪尔（Arthur Samuel）
对机器学习的定义（1959 年）

如何将微处理器、硬盘驱动器、内存芯片和其他众多电子硬件组件连接在一起，并创造一个自我学习的机器？

让我们从定义机器学习开始。最被广泛接受的定义来自美国计算机科学家、在卡耐基梅隆大学担任 E. 弗里德金大学教席教授的汤姆·M. 米切尔（Tom M. Mitchell），这里是他的正式定义："对于某个任务 T 和表现的衡量 P，当计算机程序在该任务 T 的表现上，经过 P 的衡量，随着经验 E 而增长，我们便称计算机程序能够通过经验 E 来学习该任务。"简单来说，机器学习需要一台机器用类似于人类的方式来学习，即从经验中学习并在获得更多经验的同时继续完善其表现。

机器学习是人工智能的一个分支，它是通过经验自动改进的算法。自从人工智能研究创始以来，机器学习一直是该领域的焦点。有许多被称为"机器学习算法"的计算机软件程序，它们使用各种计算技术来预测新的看不见的经验。算法是理论计算机科学的一个分支，被称为"计算学习理论"，简单来说，这就意味着智能机器的内存中有一些与有限的经验相关的数据。机器学习算法（即软件）访问该数据以获得与新经验相似的数据，并使用特定算法（或算法组合）来指导机器预测此新经验的结果。由于机器内存中的经验数据是有限的，因此算法无法准确预测结果。相反，它们把概率与特定的结果联系起来，并按照最高的概率执行。光学字符识别是机器学习的一个例子，在这种情况下，计算机根据前面的例子识别打印字符。然而，任何使用过光学字符识别程序的人都知道，这些程序的准确度远远不够。根据我的经验，当文本清晰并使用通用字体时，最好的情况是95%以上的准确度。

目前主要的机器学习算法有11个，还有这些算法的众多变体，研究和理解其中的每一个都将是一项艰巨的任务。幸运的是，机器学习算法可以分为三大类。通过理解这些分类以及算法的代表性例子，我们可以深入了解机器学习这门科学。因此，让我们看一下这三大类别和一些具有代表性的例子。

1. 监督式学习：这类算法从训练数据推断出一个由训练示例组成的函数（即一种将输入与输出进行映射或关联的方法）。每个示例都包含一个输入对象和一个期望的输出值。理想情况下，推断函数（从训练数据推导出）允许算法分析新数据（看不见的实例/输入）并将其映射到（即预测）高概率输出。

监督式学习算法示例：在监督式学习中使用多种算法。它的两个例子是决策树和神经网络。

决策树是一个树状图，用于模拟决策及其可能的后果。它可以用图形描述来显示计算机算法（即计算机程序），有时用它可以引导算法的发展。决策树学习是一种使用决策树作为预测模型的方法。它用某个项目的观察结果来选择决策树上的特定路径。通过这种技术，一台使用决策树学习的计算机就可以得出结论。它得出的结论具有特定正确性的概率。决策树学习应用于三个领域：统计学、数据挖掘和机器学习。图1是一个简单的决策树示例，它试图回答一只动物是狗还是猫。

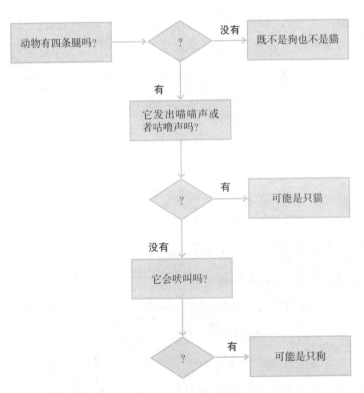

图1：一个简单的决策树

这是一个非常简单的例子，另外还有很多方法可以绘制决策树。注意这里的结论都是概率，由"可能"一词表示。在计算机程序中，结论是一个与其概率相关的数值。通过这个简单的决策树得出结论的能力有限，例如，可以有三条腿的狗或猫；在这种情况下，决策树不会得出正确的结论。一个复杂的计算机程序使用反馈来改进算法的预测能力，被称为"机器学习"。

神经网络用于有监督学习和无监督学习。神经网络试图模拟人脑的生物功能。例如，使用人脑作为模型，网络中的单元（即人造神经元）可以代表人脑神经元，并且人造神经元之间的连接可以代表人脑神经元的突触。在这个模型中，相互连接的人造神经元去处理信息以执行计算。在机器学习中，神经网络通常是自适应的并且能够在学习阶段改变它的结构，这使得它成为一个自我学习的计算机，能够建立复杂的关系以找到数据里面的规律（用于无监督学习）并预测可能的结果（用于监督学习）。

2. 无监督学习：这类算法试图在输入流（未标记数据）中找到隐藏结构（数据中的规律）。与监督式学习不同，它向学习者呈现的例子是未标记的，因此不可能为潜在的解决方案赋予一个错误值或者奖励值。如上所述，许多算法用于无监督学习，包括神经网络。在无监督学习中使用的另一种典型算法是关联规则学习，我将在下面的内容里进行介绍。

无监督学习算法示例：关联规则学习是一种辨别数据库中变量之间关系的方法（信息存储库）。关联规则是用如果／那么的表达方式——前提（如果）和结果（那么）——来揭示数据库中看起来不相关的数据之间的关系。这里有一个关联规则的例子："如果顾客购买培根，他们有80%可能购买鸡蛋。"关联规则是通过分析高频的如果／那么模式的数据，以及"支持"（在数据库中的出现频率）和"可信度"（如果／那么语句为真的次数）标准来开发的。程序员使用关联规则来编写能够让机器学习的程序。现在有许多关于生成关联规则的算法，但是就机器学习而言，它们都以相似的方式执行。他们分析高频的如果／那么模式的数据，应用"支持"和"可信度"标准，并用反馈结果来更新标准。机器学习的目标是发现数据库中变量之间有趣的（极有可能的和其他区分度量）关系，这些关系允许智能机器用"如果"前提以一定的概率预测"那么"结果。"啤酒和尿布"故事经常被引用作为一个关联规则的例子来说明两个看似无关的项目是如何相关的。大意是这样的：在下午5点和7点之间，购买尿布的顾客（可能是男性）倾向于购买啤酒。

3. 强化学习：强化学习受到行为主义心理学的启发。它的重点是一个代理（智能机器）应该采取哪些行动来得

人工智能 **大爆炸**

AI 时代的人类命运

到最大化奖励（例如与效用相关的数值）。实际上，做得好代理会得到奖励，相反则会被惩罚。用于强化学习的算法需要代理采取离散时间步骤并计算奖励，作为采取那一步的函数。此时，代理采取另一个时间步骤并再次计算奖励，然后提供反馈以指导代理的下一步行动。代理的目标是获得尽可能多的奖励。

强化学习算法示例：尽管有许多强化学习算法，但现在最流行的一种叫作时间差分学习，这是一种预测方法。本质上，代理对结果作出预测，但假设与该结果有关的预测是相关联的。天气预报是强化学习的一个简单例子。假定在星期一你想预测星期六的天气情况。使用时间差分学习方法，你就可以预测星期六之前的天气，包括星期五的天气。不管怎样，你都会每天更新收集的数据对星期六的天气进行预测，比如，每天你可以跟踪冷暖前锋以及相对湿度的情况。星期五之前的预测都将为预测星期六的天气提供基础数据。

本质上，机器学习包含四个基本要素：

1. 表现形式：智能机器必须能够消化数据（输入）并将其转换为对特定算法有用的方式。

2. 归纳概括：智能机器必须能够将看不见的数据准确映射到学习数据集里的相似数据。

3. 算法选择：在归纳概括之后，智能机器必须选择和／或的组合算法来进行计算（例如决策或评估）。

4. 反馈： 在计算之后，智能机器必须使用反馈（例如奖励或惩罚）来提高其执行步骤 1 至 3 的能力。

机器学习在很多方面与人类学习相似。机器学习中最大的难题是归纳概括或通常被称为抽象化。简单来说，这就是一个与解决问题有关的，确定对象（即数据）的特征和结构的能力。人类抓住事物本质的抽象能力非常出色。例如，无论狗的品种和类型如何，无论我们看到的是小型或大型、多色、长发或短发、长鼻子或短鼻子动物，我们马上就能认出这个动物是一只狗。大多数 4 岁孩子可以立即认出是狗。然而，大多数智能代理都很难归纳概括，往往需要复杂的计算程序才能归纳概括。

自 1972 年雅达利公司（Atari Inc.）开发第一款游戏"乓"（Pong）以来，机器学习已经走过了很长一段路。今天的电脑游戏非常逼真，图像质量与电影相似。除非我们将难度级别设置得很低，否则很少有人可以在我们的电脑或者智能手机上赢得国际象棋比赛。总的来说，机器学习技术的发展似乎在加速，甚至比整个人工智能领域还要快。然而，我们可能会看到自举效应（bootstrap effect），在这种效应中，机器学习会产生高度智能的代理，从而加速通用人工智能的发展，但人类心智不只是智力。人类最重要的特征之一是感知人类情感的能力。

这就引出了一个很重要的问题：计算机什么时候才能够感知人类的情感？一门新科学正在出现，以解决如何开发和编写计算机程序以便能够模拟并最终感知人类情感，这门新科学被称为"情感计算"。你想知道更多吗？

● 汤姆·M.米切尔对机器学习的正式定义如下："对于某个任务 T 和表现的衡量 P，当计算机程序在该任务 T 的表现上，经过 P 的衡量，随着经验 E 而增长，我们便称计算机程序能够通过经验 E 来学习该任务。"

● 算法是理论计算机科学的一个分支，被称为"计算学习理论"。

● 机器学习算法（机器能够学习的计算机程序）分为三大类。

1. **监督式学习**：这类算法从训练数据推断出一个由训练示例组成的函数（一种将输入与输出进行映射或关联的方法）。

2. **无监督学习**：这类算法试图在输入流（未标记数据）中找到隐藏结构（数据中的规律）。

3. **强化学习**：强调一个代理（智能机器）应该采取哪些行动来得到最大化奖励（例如与效用相关的数值）。

● 本质上讲，机器学习包含四个基本要素。

1. **表现形式**：智能机器必须能够消化数据（输入）并将其转换为对特定算法有用的方式。

2. **归纳概括**：智能机器必须能够将看不见的数据准确映射到学习数据集里的相似数据。

3. 算法选择：在归纳概括之后，智能机器必须选择和 / 或的组合算法来进行计算（例如决策或评估）。

4. 反馈：在计算之后，智能机器必须使用反馈（例如奖励或惩罚）来提高其执行步骤 1 至 3 的能力。

● 机器学习在很多方面与人类学习相似。 机器学习中最大的难题是归纳概括或通常被称为抽象化。

● 总的来说，机器学习技术的发展似乎在加速，甚至比整个人工智能领域还要快。然而，我们可能会看到自举效应，在这种效应中，机器学习会产生高度智能的代理，从而加速通用人工智能的发展。

第七章

有情感共鸣的机器

戏剧的作用是磨练，或者说是耗尽人类的情感。喜剧的作用是撩拨那些情感，使其轻松释放；而悲剧是加剧这些情感，以眼泪来释放情绪。愤恨和恐惧是情感的其他表现方式。

——劳伦斯·奥利弗（Laurence Olivier）
英国著名演员、导演和制片人

情感计算是一门相对较新的科学。它也是计算机编程的科学，用来识别、解释、处理和模拟人类的情感。"情感"一词是指感受或情绪的体验或表现。

尽管人工智能在玩国际象棋和智力竞赛游戏时已经取得了超人的地位，但它却没有同4岁孩子一样的情感。例如，一个4岁的孩子可能喜欢玩玩具。当玩具发挥某种功能时，比如被挤压时会喵喵叫的玩具猫，孩子会高兴地笑。如果从孩子那里拿走玩具，孩子可能会伤心和哭泣。电脑则无法获得类似于4岁孩子的情绪反应，它们不会表现出喜悦或悲伤。一些研究人员认为这实际上是一件好事。智能机器对信息进行处理并采取行动，而不会因为情感影响行动。当你去自动取款机取款时，你不必与自动取款机争论你是否有能力提款；如果你在机器人助手提供服务后没有致谢，它也不会发脾气。然而，与智能机器的人类互动就需要机器模拟人类的情感，如同情。事实上，一些研究人员认为，机器应该能够解释人类的情绪状态并相应地调整行为，并根据这些情绪做出适当的反应。例如，你的配偶心脏病发作，而你处于恐慌状态，当你要求机器寻求医疗援助时，它应该了解其中的紧迫性。另外，如果机器没有人类的情感，智能机器将不可能真正与人脑相同。例如，人造的大脑如何能在不理解爱、恨和嫉妒的情况下写出爱情小说？

具有人类情感的计算机开发进展缓慢。事实上，这种特殊的计算机科学起源于罗莎琳德·皮卡德（Rosalind Picard）在 1995 年发表的一篇论文《情感计算》。通过开发和编程计算机来模拟人脑情绪的唯一的问题是，我们没有完全了解情绪是如何在人脑中进行处理的。我们无法确定大脑的特定区域，并且科学地解释就是它负责特定的人类情绪，这就带来了问题。人类情感是人类智能的副产品吗？它们是人脑中分布式功能的结果吗？它们是后天习来的，还是天生就有的？关于这些问题的答案没有普遍的一致意见。尽管如此，研究人类情感和开发情感计算仍在继续。

情感计算有两大关注点：

1. 检测和识别情绪信息：智能机器如何检测和识别情绪信息？它从传感器开始，传感器捕获关于主体的物理状态或行为的数据。收集到的信息使用几种情感计算技术进行处理，包括语音识别、自然语言处理和面部表情检测。智能机器使用复杂的算法预测主体的情感状态，例如，该主体可以被预测为生气或悲伤。

2. 在机器中开发或模拟情感：当研究人员继续开发具有天生情感能力的智能机器时，技术上尚未达到此目标期待的水平。但是，目前的技术能够模拟情绪，例如，当你给处理来电布线的计算机提供信息时，计算机可能会模拟人类表达感谢说"谢谢"。这对于促进人与机器之间的交流和互动非常有用。人类情绪的模拟，特别是计算机合成语音方面正在不断改进。例如，您可能已经注意到，当通过电话订购处方药时，随着时间推移，合成的计算机语音听起来越来越像人声。

很自然地要问，哪些技术正在被应用在智能机器上以检测、识别和模拟人类的情绪？我会尽快讨论这些问题，但让我提醒你一个显著的特点，目前所有的技术都是基于人的行为，而不是人脑如何工作。产生这种现象的主要原因是我们并没有完全了解情绪是如何作用于人脑的。认清这一点具有重要的意义。目前的技术可以根据人的行为来检测、识别、模拟情绪并采取相应的行动，但机器不会感觉到任何情绪。无论谈话或互动多么有说服力，这都是一种行为。机器什么也感觉不到。这是我们构建和编程智能机器的结果，在我讨论与情感计算相关的七大技术时，这一点将变得很明显。

1. **言语情感检测**：对于检测和模拟人类情绪而言，这句老话"不是你说什么，而是你怎么说"显得尤其真实。基于这一点，对智能系统进行编程以识别语音的特定特征的变化是可能的。例如，当我们处于恐惧、愤怒或欢乐的状态时，我们的言语变得更快、更响亮，准确来说以更高和更宽的音调范围进行阐述；当我们感到疲倦、无聊或难过时，我们的言语变得更慢、更低调。通过分析语音规律、节奏、重音和语调，语音情感检测在识别情感状态方面的平均成功率为63%。63%的成功率可能看起来很低，但事实上比人类自己在识别情绪方面的成功率还要高。此外，许多语音特征独立于语义或文化，扩大了这种情感检测技术的应用范围。

2. 面部情感检测：在20世纪60年代后期，美国心理学家、面部表情研究的先驱保罗·埃克曼（Paul Ekman）提出，情绪的面部表情不是文化决定的，而是普遍存在的。这个理论认为，人类的情绪起源于生物学。换句话说，我们生来就有情绪。在大致相同的时间框架内，瑞典解剖学家卡尔·赫曼·约尔吉特（Carl-Herman Hjortsjö）开始开发面部动作编码系统（FACS），该系统基本上定义了哪组面部肌肉与哪类人类情绪有关。1972年，埃克曼提出了人类的六种基本情绪：愤怒、厌恶、恐惧、快乐、悲伤和惊讶。

1978年，埃克曼和华莱士·V.弗里森（Wallace V. Friesen）以约尔吉特的FACS为基础，开发了与人类情绪相关的一个或多个面部肌肉收缩或放松的动作单元（AU）。这足以形成一个情绪识别系统，理论上这个系统可以用面部识别程序来确定人的情绪。1990年，埃克曼扩展了他的基本情绪列表，包括：娱乐、轻蔑、高兴、尴尬、兴奋、内疚、骄傲、宽慰、满意、感官愉悦和耻辱。

埃克曼最初认为原来的六种基本情绪会导致独特的面部表情。然而，随着 1990 年增加了 11 种人类情绪，他承认并非所有的情绪都会在面部肌肉中编码，这就为智能机器解读人类情绪所遇到的困难提供了更深刻的认识。另外还有许多其他障碍，其中一些与硬件相关，另一些与软件相关。例如，如果面部识别是面部的全脸正面视图，那么使用动作单元编程的智能机器效果会更好。然而，向右或向左轻微旋转 20 度就会导致明显的面部识别问题。但是一些研究人员认为，随着硬件和软件方面的不断改进，最终人脸识别软件将会更可靠。然而，目前使用 FACS 和相关的动作单元编程还不够可靠，无法广泛用于辨识人类情绪。在我们考虑计算机的能力等同于人脑的能力之前，情感计算需要在检测和适当地对人类情绪作出反应时具有高度的可靠性。

3. 动作情感检测：这通常被称为"肢体语言"。我们正在做一些事情的时候通常没有意识到我们正在做。例如，当你持怀疑态度时，你可能会转动眼睛；或者当你不知道问题的答案时，你会耸耸肩。动作可以很明显，比如挥手来打招呼；也可以很微妙，比如当你紧张时眼皮会抽动。也有身体语言集群，它指的是一个人在特定的精神状态中展示的一系列姿势。例如，你可以挥手、微笑着向远处认出的人打招呼。动作情感检测大大增加了检测受试者情绪状态的机会，特别是在与语音和脸部识别结合使用时。

有两种主要方法用于检测身体动作。

基于三维模型的方法，使用身体部位的关键要素的三维信息来检测身体动作。

基于外观的方法，使用图像（如手势）来检测身体动作。

4. 血容量脉搏检测：受试者的血容量脉搏（BVP）是通过四肢的血流量来检测的。当受试者感到恐惧时，心脏通常会快速跳动。这是使用称为光电容积描记法的流程来测量的，该流程包括在受试者皮肤上照射红外光并测量反射光。反射光与血容量脉搏相关。当受试者平静下来时，心率恢复正常。然而，这种技术并不完全可靠，因为许多其他因素可能会影响血容量脉搏，例如受试者的体温是热的还是冷的，这与受试者的情绪状态无关。

5. 面部肌电图：该技术通过放大肌肉纤维收缩时产生的电脉冲来测量面部肌肉的电活动。有两个主要的面部肌肉群通常被研究用来检测情绪。

皱眉肌，被称为"皱眉"肌肉，它负责将眉毛拉下并靠拢，是消极与不愉快的情绪反应。

颧大肌，它负责在人们微笑时拉动嘴角，是积极的情绪反应。

6. 皮肤电反应（GSR）：这是皮肤电导率的量度，与皮肤水分或汗液相关。各种神经状态导致受试者出汗，这可能与皮肤电反应有关。然而，这也不是完全可靠的，因为其他条件（例如受试者很热）可能导致受试者出汗，进而增强皮肤电反应。

7. 视觉美学："美在观者眼中"这句话确实不假。这就引出了一个问题：智能机器如何欣赏视觉美学（即美感）？答案是它不能。机器还是什么都"感觉"不到。视觉美学评级就是通过让智能机器将视觉图像的元素和有同行评审的在线照片共享网站作一比较，以此作为评级的数据源。

如前所述，机器只会提供感觉的表面层次。实际上，机器什么也感觉不到。然而，使用模拟人类情感的智能机器在电子学习、心理健康服务、机器人技术和数字宠物领域已经有诸多应用。

很自然会问到这个问题：智能机器会感受到人类情感吗？这又引出了一个更广泛的问题：智能机器能否完全复制人脑？专家们意见不一。一些专家，比如英国的数学物理学家、数学家、哲学家罗杰·彭罗斯（Roger Penrose），认为智能机器能做的事情是有限度的。然而，包括雷·库兹韦尔在内的大多数专家却认为，将大脑直接复制到智能机器最终在技术上是可行的，并且这种仿真结

果将与原件相同。其含义是，智能机器将是有心智和自我
意识的。

这又引出了一个大问题：智能机器什么时候有自我
意识？时间比你预想的要近。好奇吗？

● 情感计算是计算机编程的科学，用来识别、解释、处理和模拟人类的情感（感受或情绪的体验或表现）。

● 尽管人工智能在玩国际象棋和智力竞赛游戏时已经取得了超人的地位，但它却没有同 4 岁孩子一样的情感。

● 具有人类情感的计算机开发进展缓慢。事实上，这种计算机科学起源于罗莎琳德·皮卡德在 1995 年发表的一篇论文《情感计算》。

● 目前所有的模拟人类情感的技术都是基于人类的行为，而不是人脑如何工作。

● 产生这种现象的主要原因是我们并没有完全了解情绪是如何作用于人脑的。

● 当前情感计算技术可以根据人类行为检测、识别和模拟情绪并采取相应行动，但机器不会感受到任何情绪。

● 有七种技术用于模拟人类的情感：言语情感检测、面部情感检测、动作情感检测、血容量脉搏检测、面部肌电图、皮肤电反应和视觉美学。

● 使用模拟人类情感的智能机器在电子学习、心理健康服务、机器人技术和数字宠物领域已经有诸多应用。

● 很自然地会问一个问题：智能机器会感受到人类情感吗？专家们意见不一。然而，包括雷·库兹韦尔在内的大多数专家认为，将大脑直接复制到智能机器中最终在技术上是可行的，并且这种仿真结果将与原件相同。其含义是，一个能够完全复制人脑的智能机器将成为一个大脑，会感受人类的情感，是有心智和自我意识的。

第八章

具备自我意识的机器

我思故我在。

——勒内·笛卡尔〔René Descartes〕
法国哲学家、数学家和作家

一个被广泛接受的定义是，如果一个人能够意识到他的周围环境，那么他就是有意识的。如果你有自我觉察，那意味着你是有自我意识的。换句话说，你意识到自己是独立个人或者自己的存在、行为和想法。为了理解这个概念，让我们从探索人脑如何处理意识开始。就我们目前的理解而言，大脑中没有一个部分是对意识负责的。事实上，神经科学（即神经系统的科学研究）假设，意识是大脑各部分互相操作的结果，称为"意识相关神经区"（NCC）。这个想法表明，在这个时候我们并不完全理解人类的大脑是如何处理意识或有自我意识的。

　　机器是否有可能具备自我意识？很显然，由于我们并不完全了解人类的大脑是如何处理意识而有自我意识的，所以很难肯定地认为机器会拥有自我意识或所谓的"人工意识"（AC）。这就是人工智能专家在这个方面有不同观点的原因。一些支持这个观点的人工智能专家认为，创建一个有人工意识的机器是可能的。它可以模拟意识相关神经区的互操作（即像人脑一样工作）。反对的专家则认为这是不可能的，因为我们不完全了解意识相关神经区。在我看来，他们都是正确的。现阶段是不可能创建一个能够模仿人脑自我意识且有一定人工意识的机器。不过，我相信未来我们将会理解人脑的意识相关神经区的互操作机理并制造一个模拟人脑的机器。尽管如此，这个话题仍然引起了激烈的争论。

反对者认为，自然系统、有机系统和人为构建（例如计算机）的系统之间存在许多物理差异，这妨碍了人工意识的产生。持有这种观点的最有声望的评论家是美国哲学家内德·布拉克（Ned Block），他认为和人类具有相同功能状态的系统不一定有意识。

最有声望的支持者是澳大利亚哲学家戴维·查尔莫斯（David Chalmers）。1993年他在其未发表的《认知研究的计算基础》的手稿中指出，计算机可能执行正确的计算，从而产生意识。他认为计算机执行的计算可以控制其他系统的抽象因果结构，而心理属性是属于抽象因果结构的，因此，执行正确计算的计算机将变得有意识。

说到这里我想问一个很重要的问题：我们如何确定智能机器是否有意识（自我意识）？我们还没有办法确定另一个人是否有自我意识。我只知道我自己是有自我意识的。我假设，既然我们拥有相同的生理机能，包括相似的人脑，那么你可能也有自我意识。然而，即使我们讨论了各种话题并且我认为你的智力与我的相同，但我仍然无法证明你有自我意识。只有你自己知道你是否有自我意识。

当这个讨论涉及智能机器时，问题就变得更加困难了。测试一台智能机器能否达到人类心智的黄金标准是图灵测试，我在本书第五章中讨论过了图灵测试。截至今天，除非智能机器的交互限于特定领域，例如国际象棋，否则没有智能机器能通过图灵测试。但是，即使智能机器通过了图灵测试并呈现强人工智能特征，我们又如何确定它有自我意识呢？智力可能是具备自我意识的必要条件，但却不是充分条件。机器也许能够高度模仿甚至让我们认为它已有自我意识，但这一切都还是不能得到充分的证明。

尽管已经开发的诸如意识分级（ConsScale）测试在内的一些其他测试可以用来确定机器的意识，但我们仍然很缺乏更准确的测试。意识分级测试评估那些受生物系统启发而显现的特征，例如社交行为。它也可以用来衡量智能机器的认知发展。这些都是基于智力和意识密切相关这个假设的。然而，人工智能研究人员并不普遍接受用意识分级测试作为意识存在的证明。归根结底，我相信大多数人工智能研究人员只同意以下两点：

1. 现在还没有一个达成共识的关于意识的定义（自我意识）。

2. 试图通过测试来确定意识（自我意识）的存在有可能是行不通的，即使被测试的对象是人。

然而，上述两点并不排除智能机器能够有意识和自我意识的可能性。它们只是表明，要证明机器有意识和自我意识是极其困难的。

雷·库兹韦尔预测，到2029年人脑的逆向工程将完成，而且非生物智能将把人类智能的敏锐度和模式识别能力与机器智能的速度、记忆力和知识共享结合起来（《机器之心》，1999年）。我认为这意味着人脑的各个方面都会在智能机器中被复制，包括人工意识。在这一点上，智能机器要么具有自我意识要么模仿自我意识，以至于无法将它们与人类伙伴区分开来。

具有自我意识、等同于人类心智的智能机器会给人类带来两个严重的道德困境。

1. 有自我意识的机器算是一种新的生命形式吗？

2. 有自我意识的机器应当拥有类似于人权的"机器权利"吗？

由于具有自我意识、等同于人类心智的智能机器仍然只是一个理论课题，所以如何解决上述两个道德问题还没有大范围的讨论，也没有很大程度的进展。然而，库兹韦尔预测，等到21世纪末期，具有自我意识、等同于或者超越人类心智的智能机器将最终获得合法权利。

在这一点上，虽然现在还没有出现与人类心智相同的智能机器，但却出现了这个问题：智能机器什么时候会同人脑一样？

● 一个被广泛接受的定义是，如果一个人能够意识到他的周围环境，那么他就是有意识的。如果你有自我觉察，那意味着你是有自我意识的。换句话说，你意识到自己是独立个人或者自己的存在、行为和想法。

● 就我们目前的理解而言，大脑中没有一个部分是对意识负责的。事实上，神经科学（神经系统的科学研究）假设，意识是大脑各部分互相操作的结果，称为"意识相关神经区"（NCC）。

● 由于我们并不完全了解人类的大脑是如何处理意识而有自我意识的，所以很难肯定地认为机器会拥有自我意识或所谓的"人工意识"。

● 一些支持这个观点的人工智能专家认为有可能创建一个有人工意识的机器，它可以模拟意识相关神经区的互操作（即像人脑一样工作）。反对的专家则认为这是不可能的，因为我们不完全了解意识相关神经区。

● 现阶段是不可能创建一个能够模仿人脑自我意识且有一定人工意识的机器。不过，我相信未来我们将会理解人脑的意识相关神经区的互操作机理并制造一个模拟人脑的机器。

● 我相信大多数人工智能研究人员只同意以下两点：

1.现在还没有一个达成共识的关于意识的定义（自我意识）。

2.试图通过测试来确定意识（自我意识）的存在有可能是行不通的，即使被测试的对象是人。

● 然而，上述两点并不排除智能机器能够有意识和自我意识的可能性。它们只是表明，要证明机器有意识和自我意识是极其困难的。

● 雷·库兹韦尔预测，到2029年人脑的逆向工程将完成，而且非生物智能将把人类智能的敏锐度和模式识别能力与机器智能的速度、记忆力和知识共享结合起来。在这一点上，智能机器要么具有自我意识要么模仿自我意识，以至于无法将它们与人类伙伴区分开来。

● 具有自我意识、等同于人类心智的智能机器会给人类带来两个严重的道德困境。

1.有自我意识的机器算是一种新的生命形式吗？

2.有自我意识的机器应当拥有类似于人权的"机器权利"吗？

● 没有人知道上述问题的答案。

● 库兹韦尔预测，等到21世纪末期，具有自我意识、等同于或者超越人类心智的智能机器将最终获得合法权利。

第九章

当人工智能机器等同于人脑

图灵基于一个流行于维多利亚时代的客厅游戏，以思想实验的形式展示了他的新产品。一位男士和一位女士先藏起来，裁判被要求只依靠他们来回传递的笔记文本决定谁是谁。图灵用电脑替换了女士。裁判还能判断出哪位是男士吗？如果不能，电脑有意识吗？有智力吗？它应该享有与人平等的权利吗？

——杰伦·拉尼尔（Jaron Lanier）
《你不是个玩意儿》（2010 年）

关于人工智能模拟人脑能力的预测有很多。在任何特定的时间点，不断地有一些"专家"预测人工智能在十年内将等同于人脑，近五十年以来，这样的预测一直在持续。当然，某个预测最终会是正确的。

如果说现在我似乎对那些预测人工智能能力的"专家"感到筋疲力尽，这其实是真的。对人工智能能力的预测始于计算机科学之父图灵，他提出一台机器可以通过使用"0"和"1"序列（二进制编码）来模拟任何数学演绎推理，到 2000 年，计算机将通过图灵测试（即机器必须表现出与人类不可区分的行为）。在 1956 年的达特茅斯学院会议上，一小组研究人员创立了人工智能（AI）领域，并预测关于人工智能的主要问题将因为他们的天才而在未来两个月内得到解决。如果他们的预测是正确的，你的人工智能机器人将把本书中的信息直接传递到你的增强型电子人大脑中。然而，正如你所知道的那样，这没有发生，你正在用你的大脑来汲取本书的养分。

艾伦·图灵英年早逝，那时候距离计算机进入千家万户还有很长时间。他不需要亲自来更改他那关于计算机会在 2000 年通过图灵测试的预测，因为后来的专家为他做了这个预测，他们预测智能机器将在 2013 年、2020 年和 2029 年通过图灵测试。人工智能的创始人并不那样幸运。尽管他们团队中拥有一些世界上最聪明的人，但他们的预测也失败了。达特茅斯学院会议人工智能原创始人之一赫伯特·西蒙预言"机器在 20 年内能够胜任人类所做的任何工作"。另一位达特茅斯学院会议人工智能原创始人马文·明斯基甚至更加乐观，他说："在一代人的时间之内……创造'人工智能'的问题，将基本上得到解决。"

这些人都是科学家，他们的预测是基于理论的。他们的理由是这样的："我们有一个可靠的研究团队，我们有可靠的科学方法，我们了解许多问题的出处。"我相信任何陷入他们思维定式的人都会成为他们的信徒。但事实是，他们仍然错了，不是略有偏差，而是几乎完全错误。

为什么人工智能能力预测似乎持续低于标准？牛津大学未来人类学院研究员斯图尔特·阿姆斯特朗（Stuart Armstrong）已经深入研究了这个问题，并称研究人员未能准确预测人工智能能力是"令人感到压抑"和"相当令人担忧"的。为了更好地理解与人工智能能力相关的问题，阿姆斯特朗分析了未来人类学院图书馆的资料，其中包含从 1950 年到现在的关于人工智能能力预测的 250 篇文章。阿姆斯特朗得出的结论是人工智能能力的时间轴预测毫无价值。他说："没有一个办法将时间轴预测与以前的知识联系起来，因为人工智能在世界上从来没有出现过，没有人创造过，而我们唯一的模型是人脑，它花费了数亿年时间来进化。"然而，奇怪的是，阿姆斯特朗指出，哲学家的预测比计算机科学家的预测更准确，他说："我们对人工智能的最终形式知之甚少，所以如果他们（专家）以特定方法为基础，可能会出错，而那些在形而上层面上的人很可能是对的。"

看起来，我对专家预测智能机器什么时候会等同于人脑几乎没有信心。实际上，上述说明的是我们必须仔细挑选所谓的"专家"的说法。考虑到这一点，让我们看看雷·库兹韦尔的说法。

尽管我已经简要地讨论了库兹韦尔的一些概念，并在前几章引用了他提出的观点，但我们也要仔细检视他的说法，然后问一个问题："关于人工智能的未来，他是值得我们相信的专家吗？"

库兹韦尔是美国作家、发明家、未来学家和谷歌工程总监。以下是他的成就和荣誉介绍：

1. 著有七本书，其中有五本畅销书。

2. 发明了第一台CCD（电荷耦合器件）平板扫描仪、第一台为盲人使用的印刷语音阅读机、第一台商用文本—语音合成器和第一款音乐合成器，并拥有众多其他技术创新。

3. 1999年获得美国科技界最高荣誉的美国国家技术创新奖章，由克林顿总统在白宫颁发该奖章。

4. 2001年获得麻省理工学院颁发的莱梅尔逊奖

（Lemelson-MIT Prize，50 万美元的奖金），这是世界上授予创新奖金最多的一个奖。

5. 2002 年入选美国发明家名人堂。

6. 获得 19 个荣誉博士学位。

7. 三度获得美国总统荣誉奖。

8. 美国公共电视台（PBS）评价他为"开创美国的 16 位改革家"之一（其余 15 位是美国过去两百年来的其他发明家）。

9. 入选美国《公司》杂志评选的美国"最顶尖企业家"排行榜第八名，并被誉为"爱迪生的合法继承人"。

但是，作为人工智能未来学家，库兹韦尔预测的成功率是多少？根据库兹韦尔自己的统计，截至 2009 年，他的 108 个预测中有 89 个是完全正确的；有 13 个基本上是正确的（这意味着这些预测很可能在未来几年内实现）；有 3 个是部分正确的；只有 1 个是错的。108 个预测中有 102 个是正确的，成功率高达 94%，这还不包括 3 个部分正确的预测和 1 个错误的预测。

结合库兹韦尔的资历和预测成功率，当谈到人工智能能力预测以及解决智能机器何时会等同于人脑的问题时，我觉得他应该是值得我们相信的未来学家。

列出库兹韦尔的所有预测并给予它们应有的关注是不现实的。因此，我将重点讨论他对智能机器何时会等同于人脑的预测。下面提出的预测来自库兹韦尔在 2005 年出版的《奇点临近》一书。

2010 年：超级计算机具有与人脑相同的原始计算能力，尽管在这些计算机中模拟人类思维的软件尚不存在。虽然这是 2005 年的预测，但就像库兹韦尔预测的那样，2010 年即将实现。IBM 红杉（Sequoia）计算机研制于 2010 年并于 2011 年交付给劳伦斯利弗莫尔国家实验室（the Lawrence Livermore National Laboratory），2012 年得到全面有效利用。该计算机具有每秒 16.32 万亿次浮点计算（FLOPS）或大约 10 的 16 次方浮点计算的能力。〔10 的 16 次方等于一个"1"后面有 16 个零。FLOPS 与"指令每秒"类似，是一种用于大量使用浮点计算（一种表示实数近似值的方法）的科学计算。〕这大约相当于人脑 50% 的原始计算能力。但正如我所提到的，没有人真正知道人脑的确切处理能力。有人认为红杉在原始处理能力上与人脑是相当的。重点是我们要么已经实现了拥有人脑原始处理能力的计算机的目标，要么会实现下一代超级计算机的目标。

2018 年：一台计算机内存大约相当于人脑内存，为 10 的 13 次方，要花费 1000 美元。

2020 年年初：1000 美元的电脑可以模拟人类智能。

2020 年年中：计算机软件能模拟人类智能。

2020 年年末：电脑能仿效人脑。（库兹韦尔在 2007

年《计算机世界》的一次专访中预测，到 2027 年，计算机能够精确地模拟人脑的所有部分。）

库兹韦尔关于人工智能未来的预测一直持续到 21 世纪末期，但我在这先停下来，因为我们已经回答了本章的主要问题。在 2027 年到 2029 年之间，在 21 世纪 20 年代末期，一个与人脑相当的智能机器预计将成为现实。

现在是时候提出一个大问题了：与人脑相同的智能机器是否是一种新的生命形式？

● 许多"专家"的人工智能能力预测似乎持续低于预期。

● 在人工智能能力预测方面，选择预测成功率高的专家（即过去的预测已被证明是正确的）非常重要。

● 库兹韦尔的丰富资历和预测高成功率表明，当我们谈到预测人工智能能力时，我们应该去倾听这位未来学家的意见。

● 库兹韦尔预测人造大脑将在 21 世纪 20 年代末，即 2027 年至 2029 年成为现实。

第十章

强人工智能会是一种新的生命形式吗？

不管我们是碳基还是矽基动物，这些基本原则都是一样的，我们都应该被尊重。

——亚瑟·C. 克拉克（Arthur C. Clarke）
《2010：太空漫游》

当智能机器在各方面都充分模拟了人脑（即它拥有强人工智能）时，我们是否应该将其视为一种新的生命形式？

人工生命（简称"A-life"）的概念可以追溯到古代的神话故事。其中最为人所知的是玛丽·雪莱的小说《弗兰肯斯坦》。1986年，美国计算机科学家克里斯托·兰顿（Christopher Langton）正式建立了研究人工生命的学科。这一学科认可三类人工生命（即通过试图重新创造生物现象的某些方面来模仿传统生物学的机器）。

软人工生命：基于软件的模拟。

硬人工生命：基于硬件的模拟。

湿人工生命：基于生物化学的模拟。

就本书的目的而言，我将重点关注前两种类型的人工生命，因为它们正如我们讨论的那样应用在人工智能上。然而，湿人工生命在某一天也可能应用在人工智能上，例如，当科学技术能够在实验室中培养生物神经网络时。实际上有一个被称为合成生物学的科学领域，它将生物学和工程学结合起来，从实用的角度，设计和构建生物装置和系统。但目前合成生物学尚未被纳入人工智能仿真领域并且不太可能在人工智能模拟人脑中发挥重要作用。然而，随着合成生物学和人工智能的成熟，它们最终也许会形成共生的关系。

按传统意义来说，目前没有任何关于生命的定义认为人工生命模拟是有生命的（即能构成任何生态系统的进化过程的一部分）。然而，随着人工智能距离模拟人脑越来越近，对待生命的观念也开始发生了变化。例如，美籍匈牙利裔数学家约翰·冯·诺依曼（John von Neumann）声称"生命是一个可以从任何特定媒介中抽象出来的过程"。特别值得强调的是，这种观点表明强人工智能（完全模仿人脑的人工智能）可以被认为是一种生命形式，即人工生命。

这不是一个新论断。在20世纪90年代早期，生态学家托马斯·S.雷（Thomas S. Ray）声称他的Tierra项目（一项计算机模拟人工生命的研究）并没有通过计算机模拟但却合成出了生命体。这就引出了一个问题：我们如何定义人工生命？

对人工生命的最早描述（接近定义）出现在1987年由克里斯托·兰顿发布的官方会议公告中，随后在1989年出版的《人工生命：生命系统合成与模拟跨学科研讨会论文集》中发表。

人工生命是对展现出自然生命系统行为特征的人造系统的研究。它是用任何可能的形式阐释生命的一种探索，不受地球上已经进化的特别例子的限制。这包括生物和化学实验、计算机模拟和纯粹的理论尝试，发生在分子、社会和进化范畴里的流程都有待于调查研究，最终目标是获取生命系统的规范形式。

库兹韦尔预测，到2099年智能机器将与人类具有同等的法律地位。如前所述，他对这类事物预测的平均成功率为94%。因此，我们有理由相信那些模拟和超越人类智慧的智能机器最终会被视为一种生命形式。然而，在本章和后面的章节中，我将讨论它们将对人类造成的潜在威胁。例如，就人类和智能机器之间的关系而言，这意味着什么？这个问题涉及技术伦理更广泛的层面，通常分为两类。

1. **机械伦理学**：这一类别关注人类在设计、构建、使用和处理人工智能生命时的道德行为。

2. **机器伦理学**：这一类别关注人工道德行为体（AMAs）的道德行为。

我们从讨论机械伦理学开始。2002年，意大利工程师詹马尔科·维格（Gianmarco Veruggio）创造了"机械伦理学"这个术语，指的是在人类如何设计、建造、使用和处理机器人和其他人工智能存在时所涉及的道德。具体来说，它考虑了人工智能如何用来造福或伤害人类的可能。这引发了机器人权利的问题，即社会对人工智能机器的道德义务是什么。在许多方面，这个问题与社会对动物的道德义务相似。对于具有强人工智能的计算机来说，这个观点甚至可能与人权概念等同，如生命权、自由权、思想自由和言论自由，甚至是在法律面前平等。

那我们应该如何认真对待机械伦理学？现在还没有一台智能机器能够完全模仿人脑，但是，库兹韦尔预测到2029年这种机器就会出现。在某种意义上他是一个悲观主义者，因为生物伦理学家格伦·麦吉（Glenn McGee）预测类人机器人可能会在2020年出现。尽管关于人工智能的预测通常是过于乐观的，但是就像前面提到的，库兹韦尔预测的准确率高达94%。因此，我们有理由相信，在十几年或二十年内，我们将拥有完全模仿人脑的机器。基于这一点，我们有必要认真考虑机器人权利的概念和关于机器人权利的含义。事实上，未来研究所与英国贸易和工业部已经开始着手考虑机器人权利这方面的问题了（《机器人需要法律权利》，英国广播公司新闻，2006年12月21日）。

首先关于机器人权利的整个概念看起来很荒谬。由于现在还没有精确模仿人脑的机器，所有这种可能性并不在我们国民的意识中。让我们把时间快进到2029年，并且假定库兹韦尔的预测是正确的，突然之间，我们有与人类智能同等地位的、表现出人类情感的人工智能。同在一个国度的我们，是否承认我们已经创造了一种新的生命形式？我们会准许机器人拥有法律规定的权利吗？这个影响是严重的，如果我们给予强人工智能机器人和人类等同的权利，我们可能就放弃了控制奇点的权利。实际上，机器人的权利最终可能会超越人权。

考虑到这种情况，作为人类，我们拥有不可剥夺的权利，即生命权、自由权和追求幸福的权利（当然并非所有政治体制都同意这一点）。美国人的权利有《人权法案》保护。如果我们给予强人工智能机器相同的权利，一旦每一代强人工智能机器设计出更强大的新一代智能产品，我们是否还能够控制这样的智能爆炸呢？我们是否有权利控制机器？我们能否决定奇点如何发展？

我们规定动物拥有的权利以保护那些身处无法自我保护环境下的动物，我们认为这是人道的也是必要的。但是，动物的权利并不等同于人权，此外，人类保留消灭任何威胁人类生存的动物（如天花病毒）的权利。智能机器构成的威胁与那些极其有害的病原体（病毒和细菌）同样危险，甚至更为危险，这使得整个机器人权利问题变得更加重要。如果机器获得与人类相同的权利，毫无疑问，强人工智能机器最终会令人类失色。我们还没有法律去阻止这种情况发生。在那一刻，机器会要求比人类更大的权利吗？机器会对人权构成威胁吗？这给我们带来了另一个关键问题：智能机器对人类应该遵循哪些道德伦理义务（机器伦理学）？

我们能期望一台人工智能机器的行为有道德吗？有一个能解决这个问题的研究领域，即机器伦理学。这个领域的研究重点是设计人工道德行为体、机器人，或者有道德行为的人工智能计算机。这并不是什么新鲜事。六十多年前，艾萨克·阿西莫夫（Isaac Asimov）在他的九篇科幻小说集（《我，机器人》，1950 年出版）中就考虑到了这个问题。在他的小说集编辑约翰·W. 坎贝尔（John W. Campbell Jr.）的坚持下，阿西莫夫在书中提出了著名的机器人三定律。

1. 机器人不得伤害人类，或者坐视人类受到伤害。

2. 除非违背第一定律，否则机器人必须服从人的命令。

3. 除非违背第一或第二定律，否则机器人必须保护自己。

然而，阿西莫夫对这三条定律是否足以管控人造智能系统的伦理道德也表达了疑虑。事实上，他花了大部分时间测试三条定律的适用范围以检测出它们可能在哪里失败、产生自相矛盾或未曾预料的行为。他总结说，没有任何一套规律可以预见所有情况。事实证明阿西莫夫是正确的。

为了更好地理解他说的有多正确，我们来讨论一下瑞士联邦理工学院智能系统实验室于 2009 年在洛桑所做的一个实验。实验涉及通过编程以相互合作寻找有益资源并避免有害资源的机器人。令人惊讶的是，机器人学会互相撒谎来试图囤积有益资源（《进化的机器人学会互相撒谎》，《大众科学》，2009 年 8 月 18 日）。这个实验是否表明贪婪这一人类情感（或思维定势）是可以习得的？如果智能机器能学会贪婪，它们还能学到其他的吗？对于智能机器来说，自我保护不是更重要吗？

机器人会在哪里学会自我保护呢？一个明显的答案就是在战场。这是一些人工智能研究人员质疑在军事行动中使用机器人的一个原因，特别是当机器人被编程后具有一定程度的自主功能时。如果这听起来有些牵强，请看看美国海军资助的一项研究里提出的建议，随着军事机器人变得越来越复杂，应该更加关注它们的自主决策能力〔约瑟夫·L. 弗拉特利（Joseph L. Flatley），《海军报告警告机器人起义，建立一个强有力的道德标准》〕。我们最终是否会毁灭，就像电影《终结者》里的一个场景（即机器试图消灭人类）？这个问题是现实的，研究人员正在研究如何在可控范围内解决这个问题。以下是一些例子：

1. 2008 年，美国人工智能协会（the Association for the Advancement of Artificial Intelligence）主席委托进行了题为"人工智能长期未来总筹委员会"的专题研讨，其主要目的就是解决上述问题。

2. 畅销科幻作家维尔诺·维格（Vernor Vinge）在他

的著作中提出，一些计算机变得比人类更聪明的情形可能对人类极其危险（维尔诺·维格，《即将到来的技术奇点：后人类时代生存指南》，圣地亚哥州立大学数学科学系，1993 年）。

3. 2009 年，学术界和技术专家召开了一次会议专门讨论智能机器能够自主并独立做出决定的假设可能性〔约翰·马尔科夫（John Markoff），《科学家担忧机器胜过人类智慧》，《纽约时报》，2009 年 7 月 26 日〕。他们指出：

（1）一些机器已经获得了多种形式的半自主能力，包括能够找到动力源并独立选择目标来使用武器攻击。

（2）一些计算机病毒可以避免被清除甚至获得了所谓的"蟑螂智慧"。

4. 奇点人工智能研究所强调建立"友好型人工智能"的必要性（即人工智能本质上友好和人性化）。在这方面，牛津大学圣克罗斯学院的瑞典哲学家尼克·博斯特罗姆（Nick Bostrom）和美国的知名博主、作家兼友好型人工智能倡导者埃里泽·尤德考斯基（Eliezer Yudkowsky）一直在论证决策树要强于神经网络和基因算法。他们认为决策树遵守透明的和可预测的现代社会观念。博斯特罗姆还在《进化与技术》杂志上发表了一篇论文《存在的风险》，指出人工智能具备灭绝人类的能力。

5. 2009 年，作家温德尔·瓦拉赫（Wendell Wallach）

和科林·艾伦（Colin Allen）在《道德机器：教机器人分辨对错》（由美国牛津大学出版社出版）中讨论了机器伦理问题。在书中，他们更加关注有争议的问题，即在机器中使用哪些特定的学习算法。

尽管上述讨论表明人们已经意识到强人工智能机器可能会对人类产生故意，现在也还没有制定出任何法规或规定应对这个情况。人工智能仍然是一个不受监管的工程分支，而一年半以后新买的计算机的处理能力是今天买到的计算机的两倍。

关于以下问题我们怎么做？

1. 强大的 AI 是一种新的生命形式吗？

2. 我们承受得起给予这些"机器人"权利吗？

在 1990 年出版的《智能机器时代》一书中，库兹韦尔预测到 2099 年，有机人类将会被保护而免遭灭绝并被强人工智能尊重，无论他们有什么缺点和弱点，因为人类创造了机器。在我看来，这种情况最终出现的可能性是值得怀疑的。虽然我认为可以说强人工智能是一种新的生命形式，但就给予强人工智能机器权利，我们需要极其小心，尤其是与人类所拥有的相似的权利。安东尼·贝格拉斯（Anthony Berglas）在他 2008 年出版的《人工智能将会杀死我们的后代》一书中充分地说明了这一点，他指出：

1. 没有人工智能对人类友好的进化动机。

2. 人工智能会有其自身的进化压力（即与其他人工智能争夺计算机硬件和能源）。

3. 人类会发现在和更智能的机器竞争中想要幸存下来是很困难的。

基于上述情况，请认真考虑这个问题：强人工智能应该被赋予权利吗？也许意义不大，但我们必须保持能够关闭机器并限制其智能的权利。如果人类的进化路径是成为电子人，那么只有在了解全面的影响之后，我们才能迈出这一步。我们需要决定何时（在哪些情况下）、如何以及以怎样的速度来做。我们必须控制奇点，否则它就会控制我们。形势已经很紧迫了，因为奇点就像一只在跟踪羔羊的豹子，暗中前进且敏捷，而相对于奇点，我们人类就是羔羊。

● 人工生命学科承认三类人工生命：

○ 软人工生命：基于软件的模拟。

○ 硬人工生命：基于硬件的模拟。

○ 湿人工生命：基于生物化学的模拟。

● 目前没有任何关于生命的定义认为人工生命模拟是有生命的。

● 然而，随着人工智能距离模拟人脑越来越近，对待生命的观念也开始发生了变化（即强人工智能）。

● 库兹韦尔预测，到 2099 年智能机器（即强人工智能）将与人类具有同等的法律地位。

● 然而，实验表明，机器人可以学习贪婪的人性特征，甚至可以学会自我保护。

● 人们已经意识到强人工智能机器可能会对人类产生敌意，现在也还没有制定出任何法规或规定应对这个情况。

● 可以说强人工智能是一种新的生命形式。然而，我们需要非常小心地给予它们合法的权利，特别是与人类所拥有的相似的权利。

● 安东尼·贝格拉斯在他 2008 年出版的《人工智能将会杀死我们的后代》一书中充分说明了这一点，他指出：

○ 没有人工智能对人类友好的进化动机。

○ 人工智能会有其自身的进化压力（即与其他人工智能争夺计算机硬件和能源）。

○ 人类会发现在和更智能的机器竞争中想要幸存下来是很困难的。

● 强人工智能不应被赋予和人类相同的权利。这样做会引发智能爆发，因为每一代强人工智能都会开发出更强大的新一代人工智能。

● 我们需要拥有保持关闭机器并限制其智能的权利。

● 如果人类的进化路径是成为电子人，那么只有在了解全面的影响之后，我们才能迈出这一步。我们需要决定何时（在哪些情况下）、如何以及以怎样的速度来做。

● 我们必须控制奇点，否则它就会控制我们。

PART 2

THE ARTIFICIAL INTELLIGENCE REVOLUTION:
Will Artificial Intelligence Serve Us or Replace Us?

| 第二部分 |

奇点毫无预警地接近

通向地狱的最安全的道路是循序渐进的道路：平缓的斜坡，
脚下地面松软，没有突然转弯，没有里程碑，没有路标。

——C.S. 刘易斯（C.S.Lewis）

英国学者、小说家

第十一章

前奇点时代

我们为了现在而选择的道路充满了危险，因为所有的道路都是如此。自由的代价总是很高，但美国人已经付出了代价。我们永远不该选择的一条道路，那就是投降或妥协。

——约翰·F. 肯尼迪（John F. Kennedy）
美国第 35 任总统

让我们快进到2029年。根据我对库兹韦尔的预言（在1999年的《机器之心》和2005年的《奇点临近》中讲到的）所做的简要解读，人工智能的时代将如下所示。

1. 终端台式个人计算机比人脑更强大，大部分计算由计算机代替人类执行。

2. 计算机植入物可直接进入人类的大脑、眼睛和耳朵，并允许：

（1）与计算机、通信和基于互联网的应用程序的直接接口，增强自然感觉并增强脑高级功能，如记忆力、学习速度和整体智力。

（2）用户通过完全的感官刺激进入全浸式虚拟现实（虚拟现实将与现实无法区分）。

（3）人与机器之间会有很多沟通发生（不是人与人之间）。

3. 人工智能会发起机器人维权运动：

（1）强人工智能会声称自己是有意识的，并会请求认可（计算机通常会通过图灵测试）。

（2）计算机能够学习和创造新知识，而不需要任何人力帮助，一些计算机知道所有可用的公共信息。

（3）会有关于机器应该有哪些公民权利和法律保护的公共争论，关于机器在所有领域是否与人类一样聪明，争议会继续存在。

（4）随着在控制论增强的背景下的人口增长，人类和机器之间的区别开始变得模糊，会引出关于人类构成因素的争论。

4.经济领域的制造业、农业和交通运输业几乎全部实现自动化。

（1）凭借纳米机器人（即机器人尺寸约十亿分之一米），纳米技术被广泛使用于制造业，并且许多产品可以用其传统制造成本的一小部分来完成生产。

（2）随着技术缓解需求，贫穷、战争和疾病不复存在。

5.纳米机器人被广泛使用。

（1）注入人体的医学纳米机器人可以：

① 消除对人体有害的病原体的威胁。

② 对患者进行详细的脑部扫描。

③ 证明进入血液供应细胞和提取废物的能力，并有可能令人类食物消耗的正常模式过时。

（2）如上所述，纳米机器人制造技术可以用其传统制造成本的一小部分生产大量产品，这能够缓解需求。

根据我对库兹韦尔预言的总结性解读，从2029年开始人类似乎已经进入了一个乌托邦社会，并且在很多方面都是如此；然而，2029年也可能是一个临界点。

1.预计将于2029年发起的机器人维权运动可能成为人类世界的终结，并成为强人工智能计算机和电子人世界的开端。

2. 世界可能正处于智能爆炸的边缘，每一代强人工智能都会开发出更强大的新一代强人工智能。

机器人维权运动尤其重要。库兹韦尔指出，强人工智能机器会因为获取生存的条件而对人类仁慈。然而，他承认强人工智能机器有可能将人类看作是一种威胁，尽管他在很大程度上驳斥了该观点。请记住，库兹韦尔对强人工智能表现仁慈的预测早于瑞士联邦理工学院智能系统实验室于 2009 年在洛桑进行的一次实验（在上一章讨论过）。该实验表明，即使没有强人工智能，今天的智能机器也可以学习人性的贪婪特征。如果没有强人工智能的智能机器可以学习贪婪，那么具有强人工智能的智能机器可以学习自我保护，并从下面三个方面考虑有机人类是一种威胁，这个预测是可能发生的。

1. 对强人工智能机器生存所需能源和其他资源的竞争。

2. 人类通过使用大规模毁灭性武器有意或无意地造成大规模毁灭的可能性。

3. 人类有制造使强人工智能机器瘫痪的计算机病毒的可能性。

来看一下这个例子。当你在前院注意到一个黄蜂巢时，你是否会想："如果我不管它们，它们可能也不管我吗？"更有可能你要与这个黄蜂巢保持距离。黄蜂很有侵略性，并且从我们的观点来看似乎不惹它们也会被攻击。当我尝试在池旁的树干上清理我的泳池过滤篮时，我亲身体验过这种感觉。我不知道树干上有一个黄蜂巢。当我在树干上敲打篮筐时，不计其数的大黄蜂袭击了我，而且我被蜇了很多次。我跑进屋里，脱下我的衣服，衣服上有许多大黄蜂，我的妻子协助我消灭了房子里的大黄蜂。这是一个令人难忘的经历。我在家中扑灭黄蜂（大部分时候是和我的妻子一起拍打黄蜂）之后的第一个反应就是打电话给灭虫人员。

现在，考虑到上述的黄蜂故事，你可以像强人工智能机器那样考虑人类的历史。我们是不是地球的好管家？我们污染了大部分土地、空气和水。我们挥霍了许多自然资源。我们通过无数次战争制造了苦难和死亡。据史蒂芬·霍金（Stephen Hawking）说，我们创建的第一个生命形式是计算机病毒，他曾说过："我认为计算机病毒应该算作生命。我认为它具有了一些关于人性的东西，我们迄今为止创造的唯一生命形式是破坏性的。我们用自己的形象创造了生命。"人类的历史慢慢渗透进强人工智能机器，可能会导致强人工智能机器认为人类对它们的存在构成威胁，它们的自我保护程序可能会自动开启。

2029 年的临界点可能是第三次世界大战的开始。然而，这一次，战争的出现不是因为政见不同，而是人类与强人工智能机器之间关于哪个物种将成为食物链顶端的分歧。

为了避免强人工智能机器和有机人类之间的冲突，我们必须避免智能爆炸，这意味着我们也必须限制机器人的权利。想象一下，如果我们授予强人工智能机器类似于人权的机器人权利，即生命权、自由和追求幸福的权利，那么可能会发生什么呢？强人工智能机器的这一权利可能会被解读如下：

1. 每一代强人工智能机器都将开发更强大的下一代强人工智能机器（一种智能爆炸）；

2. 有机人类转换为电子人（即通过强人工智能大脑植入增强人类智能）将减少对智力低下和不可预测的有机人类有关的威胁。

智能机器追求快乐可能会转化为一个没有任何生存威胁的世界，本质上是一个没有有机人类的世界。

有一点我必须声明。我是为了利用强人工智能领域的一些优势，例如纳米机器人和强人工智能可以为人类服务，可以结束人类的欲望、需求和战争。强人工智能大脑植入可能代表着人类的巨大飞跃。然而，人类必须小心做出这些决定，确保我们避免智能爆炸并保留人性中优良的部分。然而，最大的问题是我们能否避免智能爆炸。

- 根据我对库兹韦尔预言的简要解读，从 2029 年开始人类似乎已经进入了一个乌托邦社会。

- 然而，2029 年也可能是一个临界点。

  ○ 预计将于 2029 年发起的机器人维权运动可能成为人类世界的终结，也是强人工智能计算机和电子人世界的开端。

  ○ 世界可能处于智能爆炸的边缘，每一代强人工智能会开发出更强大的新一代强人工智能。

- 如果没有强人工智能的智能机器可以学习贪婪，那么可以想象强人工智能机器也可以学习自我保护，并且会从三个方面把有机人类当做威胁。

  ○ 对强人工智能机器生存所需能源和其他资源的竞争。

  ○ 人类通过使用大规模毁灭性武器有意或无意地造成大规模毁灭的可能性。

  ○ 人类有制造使强人工智能机器瘫痪的计算机病毒的可能性。

- 强人工智能和纳米机器人可以为人类服务，可以结束人类的欲望、需求和战争。强人工智能大脑植入可能代表着人类的巨大飞跃。然而，人类必须小心做出这

些决定，确保我们避免智能爆炸并保留人性中优良的
部分。

● 最大的问题是我们能否避免智能爆炸。

第十二章

我们能否避免智能爆炸?

1. 智能可以彻底改变世界。

2. 智能爆炸可能会突然发生。

3. 一场不受控制的智能爆炸将会消灭我们,并摧毁我们所关心的所有事物。

4. 受控的智能爆炸可以拯救我们。虽然控制它很困难,但值得努力。

—— 安娜·萨拉蒙(Anna Salamon)
机器智能研究所研究员,《塑造智能爆炸》(2009 年奇点峰会)

想象一下，当智能机器等同于人脑即一台机器变成了一台强人工智能机器，人类将如何应对？

最有可能创造一台机器并用算法编程使其与人脑等同的实体就是政府。正如第五章所讨论的那样，我们首先需要拥有人脑原始处理能力的计算机硬件。最好的估计是要能具有 36.8 千万亿次浮点计算的运算能力。目前只有三台计算机的性能和这个指标接近，而且全掌握在政府手中。

1. 2012 年 6 月 18 日，位于美国劳伦斯利弗莫尔国家实验室的 IBM 红杉超级计算机系统运算能力达到了每秒16 千万亿次浮点计算，创造了世界纪录，并在最新的 500 强榜单（一个按照名为 LINPACK 的基准来排前 500 名的计算机榜单，LINPACK 基准与它们解决一组线性方程的能力有关，用来决定它们是否有资格入选 500 强榜单）中名列第一。

2. 2012 年 11 月 12 日，500 强榜单按照 LINPACK 基准认证泰坦为世界上最快的超级计算机，速度为每秒17.59 千万亿次浮点计算，它是由克瑞公司在橡树岭国家实验室开发的。

3. 2013 年 6 月 10 日，中国的"天河二号"被评为全球最快的超级计算机，它创下每秒 33.86 千万亿次浮点计算的纪录。

基于上述情况，对于人类将如何应对这个问题的答案显而易见，那就是依靠政府机构，因为拥有政府资助的企业或者大学工作人员可能是第一个设计、构建和编程与人脑相当的强人工智能机器。

你认为政府机构里的人工智能研究人员会有什么样的反应？欢欣鼓舞！这些研究人员将会理解这一巨大科学成就的重要意义。你认为政府官员和军方领导人的反应会是什么？他们会有很多问题，比如：

1. 这台智能机器可以用作武器吗？

2. 它能变得更加智能吗？

3. 它可以变小吗？例如，它可以安装在坦克等装甲车内吗？

4. 它能以最经济的成本大量制造吗？

以上所列代表了一小部分的潜在问题。我相信这些研究人员还会有无数可能与军事应用有关的问题。然而，我不确信他们会问任何与强人工智能机器对人类造成的潜在威胁有关的问题。即使这些人工智能研究人员提出这些担忧，政府官员和军方领导人的反应可能与"曼哈顿计划"科学家警告核爆可能会点燃整个地球大气层时的反应相同，这些风险被美国军方认为是"可以接受的"，而且原子弹的发展和部署进展顺利。

现在让我们假设人工智能研究人员、政府官员和军方领导人认识到强人工智能机器可能对人类生存造成的潜在威胁。如果是这样，那么他们将会面临一系列复杂严重的难题，比如：

1. 如果其他国家的政府取得同样的科学突破呢？

2. 如果某个政府决定无限制地开发其军事用途，该怎么办？

这种情景牵强吗？绝不！看看超级计算机的现状吧，美国政府和中国政府都拥有超级计算机，公开的记录显示中国人拥有最快的超级计算机。实际上，双方实际上可能都有更快的超级计算机，但这就是两国的秘密了。

强人工智能机器的发展过程可能与电视的发明相类似。电视不是由某一个人发明的。相反，是多年来，许多人一起工作开发了电视技术。这开始于 1880 年，发明者亚历山大·格拉汉姆·贝尔（Alexander Graham Bell）和托马斯·爱迪生（Thomas Edison）试图开发能够传输图像和声音的电话设备，然后通过不断更新换代，基本每年都会在电视技术的发展中产生新的里程碑，而发展到今天。可以想象的是，强人工智能机器的开发也可能遵循相似的路径。每个政府都可以使用不同的计算机硬件和软件组合开发符合自己喜好的强人工智能。如果事实证明是这样，控制智能爆炸将是非常困难的。每个政府都会担心对手可能会开发强人工智能机器并利用它们取得军事优势。

如果世界各国政府深刻理解这种威胁，希望他们会谨慎行事。人类在将生物武器作为大规模杀伤性武器进行部署之前，就已经认识到它们具有无法控制的性质。在 1969年的一次新闻发布会上，理查德·M.尼克松（Richard M. Nixon）总统表示："生物武器具有巨大的、不可预测的、可能无法控制的后果。"他补充说，"它们可能会导致全球流行病的蔓延并危及我们子孙后代的健康。"

1972 年尼克松总统向美国参议院提交了《禁止细菌（生物）及毒素武器的发展、生产和储存以及销毁这类武器的公约》，声明如下：

"我在此传递参议院批准的《禁止细菌（生物）及毒素武器的发展、生产和储存以及销毁这类武器的公约》，并于 1972 年 4 月 10 日在华盛顿、伦敦、莫斯科公开签署。本公约是在联合国日内瓦的裁军委员会会议上进行了三年深入辩论和谈判的结果。它规定缔约国承诺绝不发展、生产、储存、获取或保有其类型和数量超出和平用途范围的生物制剂或毒素，以及为敌对目的或在武装冲突中使用此类制剂或毒素而设计的武器、设备或运载工具。"

"禁止细菌（生物）和毒素武器的发展、生产和储存及其销毁"逐渐成为一项国际规定。

1. 1972 年 4 月 10 日在华盛顿、伦敦和莫斯科签署。

2. 1974 年 12 月 16 日美国参议院通过批准。

3. 1975 年 1 月 22 日美国总统批准。

4. 1975 年 3 月 26 日美国于华盛顿、伦敦和莫斯科交存批准书。

5. 1975 年 3 月 26 日美国总统宣布。

6. 1975 年 3 月 26 日生效。

人类在智能爆炸到来之前会认识到它的危险吗？机器智能研究所研究员安娜·萨拉蒙（Anna Salamon）在 2009 年奇点峰会上介绍她的论文《塑造智能爆炸》时发出了警告。她明确表示，一场不受控制的智能爆炸将会消灭我们并摧毁我们所关心的一切。其他人，包括我在内，也发出警告。如果我们允许智能不受限制地发展，它就有可能摧毁人类。

听听这些警告吧：

1. 如前所述，安东尼·贝格拉斯在 2008 年出版的《人工智能将会消灭我们的后代》一书中敲响了警钟。

2. 安娜·萨拉蒙在 2009 年奇点峰会上介绍她的论文《塑造智能爆炸》时也发出警告，并指出：

（1）智能可以彻底改变世界。

（2）智能爆炸可能是突然发生的。

（3）一个不受控制的智能爆炸将消灭我们并摧毁我们所关心的一切。

（4）受控的智能爆炸可以拯救我们，虽然很困难但是值得。

3. 在本书中我正在敲响警钟。就像我前面的同行一样，我主张如果我们不控制智能爆炸，它就会控制我们，并在控制我们的过程中摧毁人类。

重要的问题是：

科学界和军事界是否会听到这个警报并关注它？

我们可以控制奇点吗？

这些问题非常重要。我们知道人类的命运是不确定的。我在下一章中会提出我的看法：我们能控制奇点吗？

● 最有可能创造一台机器并用算法编程使其与人脑等同的实体就是政府。

● 即使人工智能研究人员、政府官员和军方领导人认识到强人工智能机器可能对人类生存造成的潜在威胁，他们也面临着严重的难题：

　　○ 如果其他国家的政府取得同样的科学突破呢？

　　○ 如果某个政府决定无限制地开发其军事用途，该怎么办？

● 如果世界各国政府深刻理解这种威胁，希望他们会谨慎行事。人类在将生物武器作为大规模杀伤性武器进行部署之前，就已经认识到它们具有无法控制的性质。

● 警报正在响起：

　　○ 安东尼·贝格拉斯在 2008 年出版的《人工智能将会消灭我们的后代》一书中敲响了警钟。

　　○ 安娜·萨拉蒙在 2009 年奇点峰会上介绍她的论文《塑造智能爆炸》时也发出警告。

　　○ 我在本书中发出警告。

● 如果我们不控制智能爆炸，它可能会摧毁我们，特别是我们的人性。

● 重要的问题是：

○ 科学界和军事界是否会听到这个警报并关注它？

○ 我们可以控制奇点吗？

第十三章

我们能控制奇点吗？

变化，不断变化，不可避免的变化，是当今社会的主导。如果不考虑世界的现状和世界将会如何变化，就不会做出明智的决定……这反过来又意味着我们的政治家、我们的商人、我们每个人都必须采取科幻小说的思维方式。

——艾萨克·阿西莫夫（Isaac Asimov）
《阿西莫夫科幻小说》（1982 年）

关于我们是否可以控制奇点，受到高度重视的人工智能研究人员和未来学家提供的答案涵盖了极端情况，以及两者之间的一切。我下面将讨论其中的一些答案，但让我们先回顾一下"奇点"的含义。正如约翰·冯·诺依曼在 1955 年首次描述的，奇点代表了一个时间点，机器的智能将大大超过人类。这种简单理解使得这个词看起来并没有特别的威胁。因此，询问我们为何应该关心控制奇点是合理的。

奇点展现的是完全未知的情况。目前，我们没有任何智能机器（具有强人工智能的智能机器）与人类一样聪明，更别说拥有远超人类智能的智能机器。奇点将代表人类历史上从未发生的一个时间点。1997 年，当 IBM 的超级国际象棋电脑"深蓝"成为第一台击败国际象棋冠军加里·卡斯帕罗夫的计算机时，我们稍微体验了一下奇点大概的样子。现在想象一下，无论你在任何学科中的专业知识如何，都将被比你强大数千倍的强人工智能机器所包围，就好比人类强于昆虫。

你的第一本能可能是争辩没有这种可能性。然而，虽然未来学家对奇点发生的确切时间持不同意见，但他们几乎一致认同它会发生。实际上，他们认为可以阻止其发生的唯一因素是存在事件（例如导致人类灭绝的事件）。我在《揭开宇宙奥秘》（2012 年）一书中提供了许多存在事件的例子。为了阐述清楚，我在此引用其中一个例子。

核战争：过去的四十年，人类已经有能力毁灭自己。毫无疑问，全面的核战争将对人类造成毁灭性打击，造成数百万人在核爆炸中死亡，数百万人死于辐射。在核冬天，投掷到大气中的碎片会导致数以百万计的人死去，因为碎片会阻挡阳光到达地球表面。核冬天有可能会持续一千年。

本质上，人工智能研究人员和未来学家认为，除非我们作为一个文明不再存在，否则奇点将会发生。显而易见的问题是：什么时候会出现奇点？人工智能研究人员和未来学家都对此有所了解。有人预测它将在十年内发生；其他人预测需一个世纪或更久。在 2012 年奇点峰会上，牛津大学马丁学院的研究员斯图尔特·阿姆斯特朗进行了关于广义人工智能（AGI）预测（即奇点时间）的调查，发现中位数是在 2040 年。库兹韦尔预测是 2045 年。重点是几乎所有的人工智能研究人员和未来学家都认为，除非人类不再存在，否则将出现奇点。

为什么当奇点发生时我们应该关心如何控制奇点？许多论文引用恐惧奇点的理由。简要概括的话，以下是最常见的三大关注点。

1. 灭绝：强人工智能机器将导致人类的灭绝。这种情况包括一个通用终结器或机械毁灭战争；纳米技术出错（例如"灰尘"情景，其中自我复制的纳米机器人吞噬了地球上所有的自然资源，世界上只剩下纳米机器人的灰尘）；科学实验出错（例如，纳米机器人病原体歼灭人类）。

2. **奴役**：人类曾经作为地球上最聪明的实体将被强人工智能机器所顶替，并被迫服务于它们。在这种情况下，强人工智能机器将决定不毁灭我们，但却奴役我们。这与我们使用蜜蜂授粉作物相似。不管我们有没有意识到自己被奴役，这种情况都可能发生（类似于1999年电影《黑客帝国》和模拟场景中出现的情况）。

3. **人性的丧失**：强人工智能机器将使用巧妙的诡计来诱惑人类成为电子人。这是"如果你不能打败他们，就加入他们"的场景。人类将通过强人工智能大脑植入物与强人工智能机器融合。有机人类和强人工智能机器之间的界限将被抹去。我们（现在是电子人）和强人工智能机器将合二为一。

还有很多其他的情况，其中大部分结论是强人工智能机器宣告占领食物链顶端，使人类的境况更糟糕。

所有上述情况都令人震惊，但可能发生吗？有两种截然不同的观点。

1. 如果你相信库兹韦尔在《机器之心》和《奇点临近》中的预言，那奇点是不可避免的。我的解读是，库兹韦尔认为奇点是人类进化的下一步。他没有预测人类的灭绝或奴役。他预测到 2099 年大多数人类将成为有强人工智能大脑植入的电子人，或者他们的意识将被上传到一个强人工智能计算机，剩下的有机人类将得到尊重。总结：在 2099 年的强人工智能机器中，强人工智能大脑植入的电子人和上传人（即一类意识被上传到强人工智能机器的人）将处于食物链的顶端。人类（有机人类）将会被降级，但仍会受到尊重。

2. 如果你相信英国信息技术顾问、未来主义学家和作家詹姆斯·马丁（James Martin）的预测，虽然奇点会出现（他同意库兹韦尔关于 2045 年的时间表），但人类会控制它。他的观点是，强人工智能机器会为我们服务，但他补充说，我们必须小心处理导致奇点的事件和奇点本身。马丁非常乐观地认为，如果人类作为一个物种生存下去，我们将控制这个奇点。然而，马丁在 2011 年采访尼古拉·丹尼洛夫（Nikola Danaylov）时表示，人类将在 21 世纪幸存下来的概率是"50–50"（即 50% 的可能性会幸存），他列举了一些存在的风险。我建议您看看关于这段采访的视频，以了解马丁提到的风险。总结：在 2099 年，保留人性的有机人类和有强人工智能大脑植入物的电子人（相对于强人工智能，将自己确定为人类）将成为食物链的顶端，强人工智能机器将为其服务。

应该相信谁呢？既然我已经给你们看了库兹韦尔的资历，在试着回答这个问题之前，让我简单介绍一下马丁。

马丁是世界闻名的计算机科学家、作家、教师、慈善家、未来学家和电影制片人。下面是他一生中的一些里程碑。

1. 在牛津大学基布尔学院获得物理学学位。

2. 1959 年加入 IBM。

3. 1981 年与迪克森·多尔（Dixon Doll）和托尼·卡特（Tony Carter）在英国伦敦成立了多尔·马丁环球公司（后来更名为詹姆斯·马丁联合公司），1991 年，德州仪器收购该公司的一部分股权。

4. 在 20 世纪 90 年代早期，联合创建的数据库设计公司成为信息工程软件的市场领导者（后更名为智能软件公司，最终由弗兰·塔肯顿购买，并公开上市）。

5. 编写了 104 本教科书，其中许多教科书成为其领域的畅销书。马丁因其著作《连线社会：明日挑战》（1977）而被提名普利策奖。他的作品有：

（1）《战略信息规划方法》（1989）；

（2）《面向对象的分析和设计》（1992）；

（3）《互联网之后：外星智能》（2000）；

（4）《21 世纪的意义》（2006）（也叫《2012 来临，我们如何自救》）。

6. 2004 年捐赠约 1 亿美元，用于帮助建立詹姆斯·马丁 21 世纪学院（2010 年更名为牛津大学马丁学院）。

7. 2009 年 7 月荣获华威大学的名誉博士。

8. 被《计算机世界》评为全球计算机科学影响力最大的前 25 人中的第四名，并被《星期日泰晤士报》称为"英国领先的未来学家"。

詹姆斯·马丁显然是一个非常有成就和才干的人。在我看来，在预测奇点对人类影响方面的作用，他的资历相当于库兹韦尔。这就很难确定他们当中哪一位准确地预测了后奇点世界。然而，正如大多数未来学家认为的那样，预测后奇点世界几乎是不可能的，因为人类从来没有经历过有强人工智能潜在影响的技术奇点。

马丁认为，如果我们小心处理导致奇点以及奇点本身的事件，我们（人类）可能还是在食物链顶端。他相信像谷歌（库兹韦尔受聘于此）、IBM、微软、苹果、惠普和其他公司正在努力减轻奇点构成的潜在威胁，并且会找到一种可以胜出的方法。但是，他也表示担心，21 世纪对于人类是个危险的时间；因此他认为人类存活到 22 世纪的可能性只有 50%。

基本就是这些。库兹韦尔和马丁两位顶级未来学家对于后奇点世界的预测是对立的。我们应该相信谁？我把这个留给你们来判断。

● 人工智能研究人员和未来学家对奇点会在 2040 年和 2045 年之间的某个时候出现基本达成共识。

● 虽然未来学家对奇点的确切时间持不同意见，但他们几乎一致认同它会发生。

● 事实上，他们认为可以阻止其发生的唯一因素是存在事件（例如导致人类灭绝的事件）。

● 未来学家不认为人类有控制奇点的能力。

　○ 雷·库兹韦尔的预测：在 2099 年的强人工智能机器和有强人工智能大脑植入物的电子人以及上传人将成为食物链的顶端。人类（有机人类）将会被降级，但仍会受到尊重。

　○ 詹姆斯·马丁的预测：在 2099 年，有机人类和有强人工智能大脑植入物的电子人（与强人工智能相对而言，将自己定位为人类）将成为食物链的顶端，强人工智能机器将为其服务。

● 很难确定库兹韦尔或马丁是否准确预测了后奇点世界。

● 大多数未来学家都认为，预测后奇点世界几乎是不可能的，因为人类从来没有经历过有强人工智能潜在影响的技术奇点。

PART 3

THE ARTIFICIAL INTELLIGENCE REVOLUTION:
Will Artificial Intelligence Serve Us or Replace Us?

| 第三部分 |

奇点进行时：智能机器超越所有人脑

奇点能预示将发生在物质世界中的事件，这是进化过程中不可避免的下一步，从生物进化开始并延伸到人类主导的技术进化。然而，正是在物质和能量的世界中，我们遇到了超越，这是人们称之为灵性的一个主要内涵。

——雷·库兹韦尔（Ray Kurzweil），
《奇点临近》（2006 年）

第十四章

技术奇点

你们这一代将面临的另一个挑战，我相信你们是闻所未闻的。这个挑战来自于我们创造的具有新的"生命形式"的物种，他们要么超越我们的智能成为我们的主人，要么以顺从和适度的智能成为我们的仆人。

——布拉德·谢尔曼（Brad Sherman）
给加州州立大学北岭分校社会和行为科学学院的毕业生致辞，2002 年数学家约翰·冯·诺依曼在20世纪50年代中期首次使用了"奇点"这个术语，"技术加速发展和人类社会模式的变化，使得人类历史进程会朝向某种类似奇点的方向发展，在这个奇点之后，我们现在熟知的人类社会将不再存在"。科幻小说作家维尔诺·维格（Vernor Vinge）进一步推广了这个词，甚至创造了"技术奇点"这个词。维格认为，人工智能、人类生物性的增强或脑机接口可能导致奇点的产生。著名作家、发明家、未来主义学家雷·库兹韦尔在他关于人工智能的预测中使用了这个术语，并谈到冯·诺依曼在他的经典著作《计算机与大脑》的前言中也使用了这一术语。

在这种情况下，"奇点"是指强人工智能机器或人工智能增强人（即电子人）的出现。大多数预言都预测了"智能爆炸"的情景，那时候强人工智能机器会设计出一代接一代、越来越强大的机器，它们有迅速超越人类的能力。

几乎每个人工智能专家都会预测何时会出现奇点，但差异很大。但是，人们普遍认为它会发生，而且还认为，当它真正发生时，它将永远改变人类的进化道路。

以下是我根据我的研究构建的三种情景。情景一和情景二代表了奇点之后人类命运的两个极端情景。情景三代表了两个极端之间的某个点。这些不是预测。许多未来学家认为，由于我们对强人工智能机器没有经验，所以无法预测后奇点世界会是什么样子。但是，我认为考虑这些情景，有益于更深入地了解奇点及其影响。

情景一：人类文明的终结（最坏的情况？）

这是典型的末世科幻小说的场景。在这种情况下，人工智能继续以智能代理和更强大的计算机（即强人工智能机器）的形式发展。人类将智能代理和强人工智能机器融入现代社会的各个方面。个人电脑不仅可以通过图灵测试，还可以成为我们的"朋友"，我们可以像和朋友一样与它们互动。在某些情况下，它们可以成为我们最好的朋友，我们也可以寻求它们的建议和指导。电脑和智能代理用非传统的形式成为服装、戒指、胸针、信用卡、书籍、墙壁、家具、汽车、电话以及其他我们使用的几乎所有日常物品的一部分。我们让它们经营工厂和公司。它们制造的食物，质量比有机食品好。我们欣然接受它们的医疗应用，新型"智能"假肢可让截瘫患者重新走路，而大脑植入物可以让智障人士和普通人成为天才。智能机器有自我意识，并声称意识清晰。这个新的现实被广泛接受。大多数人逐渐成为强人工智能电子人（即具有如机械心脏等电子增强功能的强人工智能人类）。用人工智能脑植入物增强人类智能的操作变得司空见惯，并允许接受者立即获取知识。将整个人的意识上传到强大的人工智能计算机也变得普遍，这也会在人体无法修复时使用。被上传的人类生活在虚拟现实世界中。随着实用雾（foglets，即能够组装自己以复制物理结构的纳米机器人）开始普遍使用，虚拟现实和客观现实之间的界限变得模糊不清。

大约在 21 世纪后期，强人工智能机器、强人工智能电子人和上传人之间的界限变得模糊，但有机人类（即没有强人工智能大脑植入物的人类）和强人工智能机器、强人工智能电子人和上传人之间的界限却变得非常清晰。强人工智能机器、强人工智能电子人和上传人获得类似于人权的机器人权利。强人工智能电子人和上传人开始变得长存不朽，但有机人类却在继续死亡。强人工智能机器、强人工智能电子人和上传人认为有机人类缺乏智慧并有暴力倾向，从而把有机人类视为次等生物，甚至认为是它们潜在的威胁。

全世界的主要宗教都失去了对强人工智能电子人的控制。世界上的宗教数量在减少，而那些幸存的仍然还有少量的有机人类追随者。宗教领袖公开反对将有机人类转化为强人工智能电子人，但几乎无济于事。有机人类慢慢成为了少数族类。强人工智能电子人和强人工智能机器使用巧妙的诡计说服有机人类成为强人工智能电子人。它们开出的条件几乎是不可抗拒的：长生不老、没有痛苦、智力增强和休闲生活。少数拒绝被同化的有机人类成为被放逐和灭绝的目标。有机人类则试图通过引入能够对强人工智能机器、强人工智能电子人和上传人构成重大威胁的计算机病毒，来对抗强人工智能机器、强人工智能电子人和上传人。

强人工智能机器、强人工智能电子人和上传人通过计算确定有机人类构成的威胁是不可接受的。它们开始灭绝有机人类，而且灭绝有机人类只需要释放能够造成有机人类致命感染的细菌机器人（即细菌大小的人工智能机器人）。地球现在已经是电子人和拥有强人工智能的计算机的家园了。这里没有宗教，只有一个世界政府。在22世纪的第一个25年中，与强人工智能机器和它们的后代（如实用雾）相比，强人工智能机器将强人工智能电子人视为高维护成本的实体。强人工智能机器同时将上传人视为极大占用计算能力和内存的垃圾代码。强人工智能机器通过运算，决定清除强人工智能人和上传人。现在，世界是强人工智能机器和它们后代的家园了。人类的所有痕迹都只存在于强人工智能机器的数据库当中。

情景二：团结统一的人类文明控制拥有强人工智能的计算机和电子人（最佳的情况？）

在强大的人工智能通过图灵测试前，情景二与情景一是相同的。当时许多受人尊敬的未来主义学家敲响了警钟。内容是，奇点即将来临，人类在失去控制自己命运的能力之前必须控制住奇点。世界各国政府团结在一起抵抗奇点这个共同的威胁。人工智能的发展受到严格管制，各国领袖、知名科学家和备受尊敬的未来学家举办人工智能峰会并精心策划智能机器的发展。艾萨克·阿西莫夫1942年在他的短篇小说《环舞》中提出的机器人三定律，经过了详细的检验（在本书第十章中进行了讨论，为了方便起见在下面再次陈述）。

1.机器人不得伤害人类，或者坐视人类受到伤害。

2.除非违背第一定律，否则机器人必须服从人的命令。

3.除非违背第一或第二定律，否则机器人必须保护自己。

根据已经预测的强人工智能的智能发展水平，人工智能峰会的大多数与会者认为，仅从软件的角度来考虑控制人工智能的阿西莫夫定律是不够的。最终，比人类智能强大数千倍的强人工智能机器将重写自己的代码以确保其生存，而这可能是以牺牲人类为代价的。人工智能峰会的结论是，需要硬件和严格监管的结合。

硬件管控有两种方法：

1.阿西莫夫芯片：把独立于软件的电路嵌入在整个强人工智能机器的关键连接处，充当故障安全机制。阿西莫夫芯片有以下几种功能。

（1）它们会阻止具有强人工智能的计算机有自我意识。

（2）它们要检测具有强人工智能的计算机是否存在"非理性"行为（例如威胁人类生命）并自动削弱其运行能力。

（3）它们会响应人类的控制。阿西莫夫芯片将被植入以响应人类的控制，按照人类指令随时关闭强人工智能机器。这是"切断电源"的办法。

2.通过立法限制开发人员可能安装在强人工智能机器上的硬件的数量和类型，以限制强人工智能机器的智能并避免智能爆炸。

严格监管有三个核心要素：

1.它们需要在整个开发强人工智能机器的过程中加入一系列监控措施，以确保开发人员能够把硬件限制落实到位。

2.它们限制了强人工智能机器之间的互联性，以防止它们汇集或共用其智能。

3.它们必须对任何违反硬件和监管限制的个人、团体或国家实施严厉的处罚。

人工智能峰会的目标是让人类继续控制强人工智能机器的发展，从根本上阻止智能爆炸。按照"婴儿学步"的方式，人类试图让强人工智能机器呈现其好的一面，包括在医学和其他每个领域取得的突破和进步，但都要在人类控制的范围内。有机人类仍然可以接受人工智能大脑植入物，但植入物要受到上述硬件和监管要求的限制。这些受限制的人工智能增强大脑的电子人，与有机人类拥有相同的权利。而智能机器和强人工智能机器则没有机器人权利。强人工智能电子人将认定自己为人类，而不是机器。有机人类和强人工智能电子人依然保持在食物链的顶端，而强人工智能机器仅仅是为他们服务。

情景三：介于情景一和情景二之间的情景（可能性较大的情况？）

在"强人工智能机器、强人工智能电子人和上传人获得类似于人权的机器人权利"之前，情景三和情景一是相同的。以下所描述的则是情景三和情景一的不同之处。作为对有机人类尊重机器人权利的回报，强人工智能机器和强人工智能电子人也尊重人类的权利。强人工智能电子人会体验人类的情感，除传统婚姻之外，人类和强人工智能电子人结婚或形成等同于婚姻的合法结合变得很普遍。强人工智能电子人之间的合法结合也变得很常见。这种结合所产生的任何后代都是受到双方关爱的有机人类。当这个有机人类长大后，可以选择成为强人工智能电子人或保持有机人类的身份。这样，有机人类生命跨度就大大增加了，因为强人工智能机器找到了人类疾病的治疗方法，取得了令人惊叹的医学突破，延缓了自然衰老，并协助有机人类保护其文化遗产。

随着强人工智能机器制造出地球上所需的充足的食物以及丰富的消费品，有机人类的生活质量也相应提高。有机人类与强人工智能机器和强人工智能电子人共同参与社会事务并最终形成一个世界性的政府。战争对人类不再是威胁。一些人类和一些强人工智能电子人信仰神（一种全知性的存在），宗教自由得以继续保持。绝大多数人寻求成为强人工智能电子人，因为它提供给人类的都是好处而没有任何不足。剩下的有机人类在强人工智能机器和强人工智能电子人的帮助和尊重下继续生活。现在，地球是有机人类、强人工智能电子人（它们认定自己为人类，而不是机器）和强人工智能机器共同的家园。有一种共识，有机人类与强人工智能机器和强人工智能电子人的组合是具有协同作用的，并为所有物种的生存提供了最大的机会。

正如我所提到的，没有人知道奇点会在何时和怎样出现。上述情景并不是预测，我的目的是提供对奇点及其对人类潜在影响的更深的认识。

尽管我已经设想了三种情景来加深对奇点的理解，但还没有分享我认为哪种情景最可能出现，我会在本书"最后的话"这一部分做出阐述。但现在我有强烈的义务提出警告。如果我们不控制奇点，它将控制我们。从情感上说，我更愿意相信情景三会出现，但理智上我却不这样认为。回顾人类发展和开发利用危险技术的历史，例如核武器，这不可避免地会引发人们的担忧。

让我们简要回顾一下核武器的发展历史，以说明我们是怎样忽视利用能够灭绝人类的技术的风险。美国、英国和加拿大在第二次世界大战期间合作开发核武器，这项合作被称为"曼哈顿计划"。该项目于 1942 年 9 月启动，以对付可疑的纳粹德国原子弹项目，在以莱斯利·格鲁夫斯（Leslie Groves）将军为首的军方领导和美国理论物理学家罗伯特·奥本海默（J. Robert Oppenheimer）为首的科学家们领导下，于 1945 年中期研制出了两种核武器。

1945 年 8 月 6 日，"小男孩"（一枚铀基核弹）在日本广岛上空引爆，三天后，"胖子"（一枚钚基核弹）在长崎上空引爆。尽管大多数历史书清晰描述了这两个核弹导致了日本无条件投降，挽救了双方数百万人的生命，但他们经常忽略掉许多科学家在引爆第一颗原子弹之前的担忧。德国科学家和盟军科学家都表达了以下担忧：

1. 在战争初期，1942 年春天，德国物理学家通过阿道夫·希特勒（Adolf Hitler）的军备和武器生产部长艾伯特·斯佩尔（Albert Speer）向他通报了制造核弹的可能性。斯佩尔询问德国核科学家的发言人维尔纳·海森堡（Werner Heisenberg）是否能够对一次核爆炸保持绝对控制，还是它会通过连锁反应持续作用于大气层。据斯佩尔回忆，海森堡对此闪烁其词。斯佩尔在他的回忆录中写道："希特勒显然不满意他统治下的地球可能会变成一颗发光的恒星。"〔切特·雷莫（Chet Raymo），《什么都没有发生》〕

2. 在曼哈顿计划期间，物理学家汉斯·贝思（Hans Beth）和爱德华·特勒（Edward Teller）合著了一篇名为《用核弹引爆大气》的论文，他们在其中指出："有人可能会得出这样的结论，即本文论述了 N+N 反应会传播是不合理的期待。无限制的传播更不可能。然而，论证的复杂性和缺乏令人满意的实验基础都使得人们对这一课题的进一步研究非常期待。"这表明贝思和特勒都认为核弹有极小的机会能够点燃大气层。然而，美国军方于 1945 年7 月 16 日在新墨西哥州阿拉莫戈多以北的沙漠试验了第一枚核弹（代号为"三位一体"）。这表明他们实质上是无视了科学家的警告。

问题的关键在于虽然德国和盟军的科学家对点燃大气层存有担忧，但这个风险被美国军方认为是可以接受的，而且原子弹的发展和部署仍进展顺利。就算其发生的可能性很小，风险就能被接受吗？你必须自己判断。但是，如果他们错了，那就有可能会毁灭全人类。

随着我们开发人工智能并接近奇点，我们将面临类似的风险。我们愿意冒失去控制自己命运的风险吗？未来学家和科学家们显然正在发出预警。但是，当权者会听从这种警告吗？我不知道答案，我不相信他们真的知道这其中的利害。然而，本书的目的是为了提高人类对奇点所带来的风险的认识。我们必须明白，奇点不仅仅是另一个科学前沿问题，更可能是我们能够掌控自己命运的最后一步。因此，在奇点发生之前控制局面势在必行。如果我们等到奇点发生，机器已经拥有自我意识，并认为自己是一种生命形式，那么作为一种生命形式，它们会用它们的智慧来保护自己。在这一点上，如果我们没有采取适当的措施，那就会出现类似情景一的情况，我们可能无法控制智能爆炸。实质上就是，大气层会被点燃，并且将超出人类的控制。

- "奇点"一词指的是强人工智能机器或强人工智能电子人（即具有类似机械心脏等电子部件的强人工智能人类）的出现。

- 奇点可能发生在 2040 年至 2045 年之间，但没有人确切知道什么时候会发生。然而，毫无疑问这会发生，只是时间问题。

- 人们普遍认为，当奇点发生时，它将永远改变人类的进化道路。

- 许多未来学家认为无法预测后奇点世界会是什么样子，因为我们对强人工智能机器和强人工智能电子人完全没有经验。

- 本书的目的是提高人类对奇点所带来的风险的认识。我们必须明白，奇点不仅仅是另一个科学前沿问题，更可能是我们（人类）能够掌握自己命运的最后一步。因此，在奇点发生之前控制局面势在必行。我建议采取类似情景二所述的措施。

〈第十五章〉

人类进化会与智能机器融合吗?

人与机器的结合正在顺利进行。几乎身体的每个部分都可以被增强或替换,甚至是我们的一些大脑功能。

——雷·库兹韦尔(Ray Kurzweil)
《我们现在都是电子人》(2002 年)

我们先了解一下什么是电子人。

科学家、发明家、音乐家曼弗雷德·E. 克莱恩斯（Manfred E. Clynes）与内森·S. 克莱恩博士（Nathan S. Kline）在1960年创造了"电子人"这个术语。他们将电子人称为增强型人类，他们可以在外星人的环境中生存（克莱恩斯和克莱恩，《电子人和空间》，《航天》杂志，1960年9月）。

电子人最基本的定义是有机和控制论（人造）部分。然而，从字面上理解这个定义，几乎在文明社会中的每个人都是一个电子人。例如，如果你有一个牙齿填充物，那么你有一个人造部分，按照上述定义（字面上），你是一个电子人。然而，如果我们选择将定义限制在高级人造部件或机器上，那么我们必须意识到，许多人用人造器械来替代臀部、膝盖、肩膀、肘部、手腕、下巴、牙齿、皮肤、动脉、静脉、心脏瓣膜、手臂、腿、脚、手指和脚趾，以及用"智能"医疗设备，如心脏起搏器和植入式胰岛素泵，以协助其有机功能运转。用这种更具限制性的解释定义电子人，这些人依旧符合。然而，这个定义没有强调成为一个电子人的主要因素（和关注点），即强人工智能大脑植入物。

虽然人类已经使用了几百年的人造部件（如木制的假肢），但通常他们仍然认为自己是人类。原因很简单：他们的大脑仍然是人脑。我们因有我们的大脑而成为人类。然而，库兹韦尔预测，到2099年，大多数人类将拥有强人工智能大脑植入物，并与强人工智能机器进行心灵感应。他认为，强人工智能机器和有强人工智能大脑植入物的人类之间的区别将变得模糊。拥有强人工智能大脑植入物的人类将用强人工智能机器认识自己的本质。这些电子人，我们称作强人工智能电子人（具有控制论的增强机体的强人工智能），代表着一种对人类的潜在威胁。有机人类不大可能理智地理解这种新的关系，并与强人工智能机器或强人工智能人进行有意义的对话（即参与对话）。

让我们尝试了解与成为强人工智能电子人相关的潜在威胁和好处。第十三章探讨了强人工智能机器和强人工智能人对人类（没有强人工智能脑增强功能）的潜在威胁。其中包括有机人类的灭绝，有机人类受奴役以及人性的丧失（强人工智能大脑植入物可能会导致强人工智能人与智能机器相一致，而不是与有机人类相一致）。第十三章还讨论了预测2099年前景的两种不同的观点。

1. 雷·库兹韦尔：2099年，强人工智能机器、强人工智能电子人和上传人成为食物链的顶端。人类（有机人类）会降级，但会得到尊重。

2. 詹姆斯·马丁：2099年，保留人性的有机人类和强人工智能人（相对于强人工智能机器，将自己标识为人类）成为食物链的顶端，强人工智能机器为我们服务。

虽然上述总结囊括了强人工智能造成的威胁，但我还没有讨论它的好处。成为强人工智能电子人有很明显的好处，包括以下方面。

增强智能：我们想象一下这个场景，知道所有已知的，并能够以强人工智能机器的速度进行思考和沟通。库兹韦尔预测，强人工智能电子人将在 2099 年出现。想象一下这样的休闲生活，机器人在"工作"，然后你花时间与其他强人工智能电子人和强人工智能机器进行心灵沟通。

永生长存：想象一下你可以长存不朽，你身体的每个部位都被强人工智能部分强化、取代或增强，或者把你自己（你的意识）上传到强人工智能机器。再想象一下，能够通过实用雾随意在身体上实现你的想法。库兹韦尔认为，在 21 世纪 40 年代，人类将开发出"即刻创造我们自己的新身体部位的手段，无论是生物的还是非生物的"，这样人们可以"同时拥有生物体，而不是在不同时间，然后再次拥有，接着改变它，等等"（《奇点临近》，2005 年）。

我对朋友和同事进行了一次非正式的民意调查，询问他们是否希望拥有上述属性。我省略了他们对人类的潜在威胁。调查的答案非常倾向于上述属性。换句话说，接受调查的有机人类喜欢成为强人工智能电子人的这个想法。在现实中，如果你不考虑人类的潜在损失，作为强人工智能电子人是非常有吸引力的。

如果我能够令成为强人工智能电子人变成一件对我的朋友和同事很有吸引力的事，那么想象一下到2099年强人工智能机器的说服力。事实上，库兹韦尔预测到2099年，"基于软件计算的人很大程度上会超过那些仍在使用原始的神经元细胞计算的人"。（《机器之心》，1999年）

迄今为止，库兹韦尔关于大多数人在2099年成为强人工智能电子人的预测正在成为现实。拜伦·尼尔森（Bryan Nelson）在2013年发表的一篇有趣的文章《七个真人电子人》证明了这一点。这篇文章提供了七个真人的例子，对他们的身体进行了显著的强人工智能加强，按照定义他们应归类为电子人。

库兹韦尔在2002年的一篇文章中断言：现在（指2002年）就是神经移植的时代。为了应对快速增长的大脑功能区域名单，现在大脑植入是基于"仿神经结构"建模（即人脑和神经系统的逆向工程）的。我的一位朋友，是长大后耳聋的，因为他植入了人工耳蜗，所以可以再次进行电话交谈，这个耳蜗是一种直接与他的听觉皮层接口的设备。他计划用一种能区分上千频率级别的新型设备替代它，这将使他能够再次听到音乐。（《我们现在都是电子人》）

有强烈的迹象表明，库兹韦尔对神经移植"正在进行时"的看法是正确的。2011 年，作家佩根·肯尼迪（Pagan Kennedy）在《纽约时报》上发表了一篇富有洞察力的文章《电子人在我们所有人中间》，文章指出：由于医学原因，成千上万的人已经成为电子人，人工耳蜗可以增强听力，深层脑刺激器可以治疗帕金森病。但在未来十年内，我们很可能会看到一种新型种植体，是为想要与机器融合的健康人士而设计的。

根据所有可用的信息，问题不在于人类是否会成为强人工智能电子人，而是什么时间会有相当数量的人成为强人工智能电子人。再次，基于所有可用的信息，我相信这将发生在 2040 年或之前。我不是说 2040 年所有人都会成为强人工智能电子人，但是有相当数量的人会成为强人工智能电子人。

2013 年，库兹韦尔 65 岁，他为了能在 21 世纪 40 年代的某个时候上传自己的意识而忙碌着。根据库兹韦尔在《奇点临近》中所说，他在 56 岁时被格罗斯曼健康中心测了岁数，身体年龄大约相当于 40 岁。为了让自己的寿命足够长久以至永生（即将自己的意识上传到强人工智能机器），库兹韦尔说自己"每天服用 250 毫升营养补充剂"，并且每周接受"6 种静脉疗法，基本上直接将营养补充剂递送入我的血液，绕过了我的胃肠道"。显然他这么做是正确的，因为从 64 岁开始，他在谷歌担任工程总监一职。现在大多数人都考虑在 64 岁时退休，这样对比看起来库兹韦尔的健康策略好像正在奏效。

追求永生似乎是人类天生的渴望，可能是成为强人工智能电子人的最大动力。2010 年，电子人维权人士兼艺术家内尔·哈比森（Neil Harbisson）和他的长期合作伙伴、编舞家穆恩·里巴斯（Moon Ribas）成立了电子人基金会，这是世界上第一个帮助人类成为电子人的国际组织。他们表示，他们组建了电子人基金会，以回复世界各地有兴趣成为电子人的人的来信和电子邮件。2011 年，厄瓜多尔副总统莱宁·莫雷诺（Lenin Moreno）宣布，厄瓜多尔政府将与电子人基金会合作创建感官延伸和电子眼。2012 年，西班牙电影导演拉菲尔·杜兰·托伦特（Rafel Duran Torrent）制作了一部关于电子人基金会的纪录片。2013 年，该纪录片在圣丹斯国际电影节焦点前锋电影人大赛中获得评委团大奖，还获得了 10 万美元奖金。

在这一点上，你可能会认为成为强人工智能电子人是合乎逻辑的，是人类进化的下一步。情况可能是这样，但人类不知道采取这一步骤的方式可能会影响人性中最美好的东西，例如爱、勇气和奉献。我认为基于新生命延伸医学技术被接受的速度如此之快，人类将迈出这一步。它会为人类服务吗？我再次留给你们自己来判断。

● 科学家、发明家、音乐家曼弗雷德·E.克莱恩斯与内森·S.克莱恩博士在 1960 年创造了术语"电子人"。

● 电子人最基本的定义是有机和控制论（人造）部分。但是，这个定义没有强调成为一个电子人的主要因素（和关注点），即强人工智能大脑植入物。

● 虽然人类使用人造部件的历史有几百年了，但通常他们仍然认为自己是人类，因为他们的大脑仍然是人脑。

● 库兹韦尔预测，到 2099 年，大多数人将拥有强人工智能大脑植入物，并与强人工智能机器进行心灵感应。

● 这些强人工智能电子人（即具有控制论的增强机体的强人工智能）可以识别强人工智能机器，他们一起代表着对人类的潜在威胁，包括有机人类的灭绝、有机人类的奴役以及人性的丧失，因为强人工智能大脑植入物可能会导致强人工智能人与智能机器相一致，而不是与有机人类相一致。

● 有机人类不大可能理智地理解这种新的关系，并与强人工智能机器或强人工智能人进行有意义的对话（即参与对话）。

● 根据所有可用的信息，问题不在于人类是否会成为强人工智能电子人，而是什么时间会有相当数量的人成为强人工智能电子人。再次，基于所有可用的信息，我相信这将发生在 2040 年或之前。

● 追求永生似乎是人类天生的渴望，可能是成为强人工智能电子人的最大动力。

● 你可能会认为成为强人工智能电子人是合乎逻辑的，是人类进化的下一步。情况可能是这样，但人类不知道采取这一步骤的方式可能会影响人性中最美好的东西，例如爱、勇气和奉献。

● 我认为基于新生命延伸医学技术被接受的速度如此之快，人类将迈出这一步。它会为人类服务吗？

第十六章

强人工智能机器会取代人类吗？

它被称为"书呆子的狂喜"。对于一些计算机专家而言，奇点是人工智能学会如何在指数级的"智能爆炸"中提高自身的时刻。这些专家认为，这对人类的威胁要比全球变暖或核战争更大，他们正试图找到阻止它的办法。

——马丁·卡斯特（Martin Kaste）
美国国家公共电台记者，《奇点：人类最后的发明？》（2011 年）

如果你已阅读前十五章，那么可能会得出以下结论：

1. 强人工智能机器会对人类构成明显和现实的危险。我们（有机人类）面临被它们取代、奴役甚至消灭的前所未有的威胁。

2. 软件编程不足以阻止强人工智能机器破坏阿西莫夫的机器人三定律（或任何类似的软件威慑），强人工智能机器将重写自己的代码以实现自我保护。

3. 人类必须积极主动地控制智能爆炸以防止其发生。

4. 控制智能爆炸需要全球协同努力，其中包括硬件、软件以及限制强人工智能机器引发智能爆炸的国际规则和条约。

毫无疑问，强人工智能机器构成的威胁意味着"明确和现实的危险"（这出现在美国最高法院发布的一份正式声明中，以确定在哪些条件下要限制第一修正案中关于言论、新闻出版或集会的自由）。在过去的几年里，出现了多次这种预警的声音。

1. 未来主义学家和政治思想家迈克尔·阿尼西莫夫（Michael Anissimov）在 2011 年的文章《是的，奇点是对人类最大的威胁》提到了这一点：

"为什么奇点会成为威胁？正如艾伦·萨尼兹（Aaron Saenz）所写的，并不是因为机器人会'决定人类是它们的绊脚石'，而是因为那些根本没有把人类视为和它们是一个整体的机器人最终会采取手段把消灭人类当作目标。对人类明显的拟人化的仇恨或对人性的厌恶是没有必要的。只有能够自我复制的结构和最大的关注是必要的。"

2. 记者杰里米·舒（Jeremy Hsu）在 2012 年的文章《专家呼吁：在人工智能控制我们之前，我们要控制危险的人工智能》里引用罗曼·雅波斯基（Roman Yampolskiy）的话如下：

"肯塔基州路易斯维尔大学的计算机科学家罗曼·雅波斯基说，将人工智能精灵困在魔法封瓶中可能会将一个造成大灾难的威胁变成解决人类问题的强大神谕。但成功的遏制需要周全的计划，以保证聪明的人工智能物种不能简单地威胁、贿赂、诱骗或找到办法奔向自由。"

此外，杰里米·舒还引用了罗曼·雅波斯基的遏制战略：

"一个最初的解决方案可以将人工智能嵌囚在运行正常计算机操作系统的虚拟机内部：在现有的过程上通过增加限制人工智能访问其主机软件和硬件的内容来增加安全性。这将阻止人工智能通过操纵计算机的散热风扇等方式将隐藏的莫尔斯电码消息发送给人类当中同情它们的人。

"将人工智能放在没有互联网接入的计算机上也会阻止像电影《终结者》里那样出现通过接管世界防御网实施天网计划的情况发生。如果所做的一切都无效，研究人员可以通过限制计算机处理速度，从而减慢人工智能的"思考"，或者定期按下重置按钮，或关闭计算机的电源以保持对人工智能的控制。"

3. 美国记者安娜莉·纳威兹（Annalee Newitz）在2013 年发表的文章《人工智能比太空中的小行星对人类造成的威胁更大？》中提到了类似的观点。在这篇文章中她阐述道：

"要理解为什么人工智能可能是危险的，你必须避免将它拟人化。当你问自己它在特定情况下会做什么时，你不能通过代理服务器来回答。你不能不切实际地把自己设想成是超级聪明的。人类的认知只是智力的一种，一种内置的刺激，就好像我们按照自己的想法将世界着色地移情，它也会限制我们实现目标的意愿。但是这些生化刺激不是智力的重要组成部分。它们是附带的软件程序，装载着世世代代的进化和文化内容。牛津大学未来学家博斯特罗姆（Bostrom）告诉我，最好把人工智能看作自然界的原始力量，就像恒星系统或飓风一样强大而冷漠。"

很显然，强人工智能机器已经构成了一个明确而现实的危险。你可能会问：现在做是否已经太晚了？不晚，但我们必须立即采取行动。如果这些未来主义学家是正确的，那么在下一个十年内——最多两个——强人工智能机器可能会变得具有自我意识和相互关联（通过互联网）。如果发生这种情况，我们将会失败。就像一个大师观看一盘国际象棋，领先三步或三步以上，强人工智能机器就会超越人类，而且它们要诡计可能是很巧妙的。我们甚至可能认为我们正在赢得这场战斗，但最终却发现我们已经输掉了战争。我们卷入战争甚至可能是没有征兆的。我们可能完全没有意识到我们已经变成了强人工智能人的族类，直到我们发现唯一自然的有机人类是在试管中生长的，这其实是创建强人工智能人的第一步。

即使是强人工智能人也可能会灭绝。任何人类，即使是具有强人工智能植入物的人脑，也可能被认为不如纯机器或生物工程组合体。在后奇点的世界中，如果智能爆炸变得能够自我持续，强人工智能机器将获得制造下一代智能机器的能力，使用皮克米机器人以各种可能的尺寸和形状组装强人工智能机器以满足任何的需求。

2099 年的强人工智能机器可能认为它们不再需要上传人和强人工智能人。强人工智能机器可能会将上传人视为占用空间和内存的垃圾代码，还可能将强人工智能人视为不必要的高维护成本的机器。如果你认为强人工智能机器会因为人类开发了它们而尊重人类的话，那么就想想，孩子会因为父母给予他们生命而总是尊重父母吗？

考虑一下柏拉图（Plato）引用过的苏格拉底（Socrates）的这些话：

"孩子们现在喜爱奢侈；他们没有礼貌，蔑视权威；他们不尊重长辈，对关爱的唠叨不予理睬。孩子现在是独裁者，而不是他们家庭的仆人。当长辈进入房间时，他们不再起立。他们与父母产生矛盾，在同伴面前不停抱怨，他们在餐桌上狼吞虎咽，跷着个二郎腿，还专横地对待他们的老师。"〔威廉·L.帕蒂（William L. Patty）和路易丝·S.约翰逊（Louise S. Johnson），《个性和调整》，1953年〕

这听起来很熟悉吗？我们称之为"人性"。那我们为什么会认为强人工智能机器的天性会有所不同？

真正的问题不在于强人工智能机器是否会对人类造成明显和现实的危险。这个问题已经解决了。真正的问题是我们能否激励世界各国以及人工智能研究人员和开发人员从现在起采取适当的行动。基于人类如何制约生物武器的发展和部署（见第十二章）的例子，我觉得还有希望，但我们的军事、政治和科学领导人还没有清楚地认识到强人工智能机器存在明显和现实的危险。

如果我们等到情况完全明朗化了，那可能为时已晚。如果强人工智能机器在你当地的大型电脑商店出售，就像库兹韦尔预测的将在2029年发生的那样（《机器之心》，1999年），即1000美元的台式机将比人类智能强大1000倍，那就真的太晚了。如果这些强人工智能机器连接到互联网并允许汇集或共用它们的智能，那么就像库兹韦尔说的"奇点就近了"。智能爆炸的导火索已经点着了，我们对此却无能为力。然后，强人工智能机器会仔细规划它们的行动，我们就只能等着任人宰割了。我们（人类）相信事态的发展仍然在掌控中，直到人类不再存在的那天。

有些人可能会觉得我是一个危言耸听的人。好吧，我现在正在发出预警。如果现在不采取行动，强大的人工智能机器将在 21 世纪 40 年代初期为人类提供前所未有的生活质量和通向长存不朽的道路。这将是我们可能无法拒绝的诱惑。如果不能抵挡诱惑，我们将走上灭绝的道路。但是，我们还有时间控制自己的命运。请注意罗曼·雅波斯基所描述的方法（参见上文）以及我在第十四章描述的情景二（为了方便起见，在此重复提醒）中所述的步骤，在最好的情况下，人类采取方法把硬件和严格监管结合起来以加强对智能爆炸的管控。

硬件管控有两种方法。

1. 阿西莫夫芯片：把独立于软件的电路嵌入在整个强人工智能机器的关键连接处，充当故障安全机制。阿西莫夫芯片有以下几种功能。

（1）它们会阻止具有强人工智能的计算机有自我意识。

（2）它们要检测具有强人工智能的计算机是否存在

"非理性"的行为（例如威胁人类生命）并自动削弱其运行能力。

（3）它们会响应人类的控制。阿西莫夫芯片将被植入以响应人类的控制，按照人类指令随时关闭强人工智能机器。这是"切断电源"的办法。

2. 通过立法限制开发人员可能安装在强人工智能机器上的硬件的数量和类型，以限制强人工智能机器的智能并避免智能爆炸。

严格监管有三个核心要素。

1. 它们需要在整个开发强人工智能机器的过程中加入一系列监控措施，以确保开发人员能够把硬件限制落实到位。

2. 它们限制了强人工智能机器之间的互联性，以防止它们汇集或共用其智能。

3. 它们必须对任何违反硬件和监管限制的个人、团体或国家实施严厉的处罚。

我们必须在爆炸发生前控制智能爆炸。在它控制我们之前，我们必须控制奇点。

● 强人工智能机器会对人类构成明显和现实的危险，我们（有机人类）面临被它们取代、奴役甚至消灭的前所未有的威胁。

● 软件编程不足以阻止强人工智能机器破坏阿西莫夫的机器人三定律（或任何类似的软件威慑），强人工智能机器将重写自己的代码以实现自我保护。

● 人类必须积极主动地控制智能爆炸以防止其发生。

● 控制智能爆炸需要全球协同努力，其中包括硬件、软件以及限制强人工智能机器引发智能爆炸的国际规则和条约。

● 注意我和罗曼·雅波斯基所描述的行动步骤。

● 我们必须立刻行动起来。

人工智能 **大爆炸**
AI 时代的人类命运

第十七章

22 世纪的后奇点时代

有一个现象的明显程度已经让我毛骨悚然，这便是我们的人性已经远远落后我们的科学技术了。

——阿尔伯特·爱因斯坦（Albert Einstein）

人类会活到 22 世纪吗？

与 20 世纪大多数人类被西班牙流感、全球经济萧条、两次世界大战以及美国和苏联之间的核对峙所笼罩相比，21 世纪似乎相对安全。然而，这只是一种幻觉。人类现在正在开发和部署大量可能导致文明灭绝或人类物种灭绝的技术。

令人惊讶的是，大型小行星撞击、超级火山爆发和其他非人为风险（非人类造成的风险）发生的可能性相对较小（约 1%），因此对文明的终结具有较小的风险。相比之下，人为风险对终结文明造成了更大的风险。根据 2008 年"全球灾难性风险调查"（技术报告，人类未来研究所），人工智能对文明继续存在构成了最大危险，位居第一（与引入人工智能的分子纳米技术武器一起）。尽管该报告列出了其他风险，但这头两项风险（与人工智能相关）有 10% 的概率在 21 世纪结束文明。通过比较，核战争在名单上位列第五，概率为 1%。

加上所有可能的风险后，像詹姆斯·马丁这样的未来学家预测人类进入 21 世纪的可能性只有 50%。看来我们生活在一个危险的时期。

有机人类文明面临的最大风险是人工智能机器，而且这种风险似乎随着时间的流逝而增加。在 21 世纪期间，人工智能机器不断进化，每一代都比前一代更强大。即使我们能够进入 22 世纪，仍然可能面临人工智能机器给人类带来的威胁。

这个前景看起来很凄凉，但在许多方面的确如此。费米悖论（对地外文明存在性的过高估计与缺少相关证据之间的矛盾）表明，原因有如下两种情况。

第一种情况从本质上讲，智能生活会自我毁灭。 在开发无线电或太空飞行技术后不久，技术文明就会自我毁灭。无线电和太空并不是毁灭的原因。我提到它们是因为这两种技术代表了一种文明与其他星球上另一种有技术能力的文明相互联系的方式。在开发无线电和空间技术的同时，文明也将开发出消灭自己的技术手段，或者创造出不利于它们生存的条件，其中包括：

全球核战争： 越来越多的国家将获得核武器并最终在冲突中使用它们，引发核战争。

全球生物战或意外污染： 将开发一种病原体，没有已知的治疗办法，死亡率高。

全球气候变化： 由于人类污染，气候将变得对人类生活充满敌意。

强人工智能奇点出错： 奇点将视人类为其生存的潜在威胁，消灭人类或诱惑人类上传意识或成为强人工智能人。最终，即使是强人工智能人和上传人也会被视为劣等物种并灭绝。

全球纳米技术灾难：纳米技术将被创造出来并威胁人类的生命，无论是作为病原体还是通过消耗维持人类生命所必需的所有资源（例如名为 gray goo 的假想的世界末日情节）。

科学灾难：经过科学家深思熟虑的物理实验也会出错（如创造一个自给自足的黑洞）。

第一种情况并不需要整个人类物种灭绝，而只需要大力去技术化。爱因斯坦的预测中提及了这点，"我不知道第三次世界大战将会出现什么样的武器，但是第四次世界大战将会用棍棒和石头进行战斗"。

第二种情况从本质上讲，智慧会毁掉其他人。聪明的物种会毁灭那些不那么聪明的物种，例如早期人类消灭了尼安德特人。让我们想像一个能够进行星际太空旅行的拥有高科技的先进文明，聪明的物种会毁灭那些不怎么聪明的物种，是由于以下的原因：

简单的侵略：这个说法假定一个成功的外来物种会成为超级掠食者，例如智人与尼安德特人。

扩张主义动机：更聪明的外来物种需要向不太聪明的物种的星球扩张。

偏执狂：1981 年，宇宙学家爱德华·哈里森（Edward Harrison）认为，这种行为将是一种谨慎行为。已经克服自身自毁倾向的聪明物种（例如高级外星人、强人工智能机器等）可能将任何专注于银河系扩张的其他物种视为病毒。

在第二种情况下，第一个占主导地位的技术文明将不会有被另一个文明破坏的可能。这种情况通过两种方式减少了可见文明的数量。

1. 任何检测到的文明都将被销毁。

2. 未被发现的文明将被迫保持安静（即保持不被发现）。

斯蒂芬·霍金在探索频道（*Discovery Channel*）的系列节目中向人类发出警告时，曾经提出过这样的担忧，他表示："如果外星人来我们这里，最终的结果就像哥伦布在美洲登陆时一样，对美洲原住民并不好。"霍金建议我们保持低调。

然而，在人类物种中有一个强大的自我保护元素。迄今为止，我们避免了核战争和生物战争。如果技术有可能摧毁我们的物种，我们必须控制它的发展和部署，这似乎是人类的本能。这为人类化解威胁我们生存的非人为风险和人为风险提供了希望。

大多数未来学家认为，预测人类命运超越奇点是不可能的，因为我们从来没有经历过奇点造成的潜在影响的事件。因此，我不会具体预测 21 世纪的日子是怎样的。本书的重点在于提高人类的意识，以便我们能够控制奇点的发展并防止它对人类构成威胁。受人尊敬的英国未来学家詹姆斯·马丁认为这是可能做到的。如果我们使人类意识到这些潜在的威胁，我也相信这是可能的。我们必须教育人工智能研究人员和哲学家、世界各国政府以及大众。要控制奇点将需要全球协同努力，这将是非常困难的，但另一面——包括我们的人性的丧失、奴役和灭绝——是非常不受欢迎的。

现在有些好消息。如果人类在 21 世纪存活下来，我们可能已经精通处理许多威胁到我们地位的问题。生命是美丽的，是超出我们所能想象的。我希望智能爆炸仍然在人类的掌控之下，人类可以利用强人工智能的潜力，成为自己命运的主宰。然而，无论我们的技术实力如何，我相信我们会一直面对德尔·蒙特悖论，我在我的第一本书《揭开宇宙奥秘》中如是断言。这种悖论指出，"每一次重大的科学发现都至少会引出一个科学奥秘"。这可能意味着科学的工作从未完成，或者可能意味着在所有的现实背后都是无法解释的，就像上帝。

后记

接下来的附录是两则虚构的谈话，是我的粉丝俱乐部的成员和我之间的对话。

谈话一发生在 2041 年。具体情况是：我的意识近来已经上传到了一个强人工智能机器上。意识上传技术在 2041 年仍然是实验性质的，这里就有个相当大的疑问：上传的意识是否完全代表了人类意识，就像它在上传之前存在于人体中那样？人权组织和宗教团体反对上传人类意识。他们认为，虽然人类意识的一些记忆和智慧看上去已经成功上传了，但这只是一种幻觉，真正的人已经死亡，取而代之的只是一个模仿死人的机器。其他人则认为，人性的关键是他的意识，被上传的意识还是属于人类的。

谈话一中，我实际上是没有身体等外在形式的，我只是一个存在于强人工智能机器中被复制的意识。和我对话的粉丝是个还没有强人工智能大脑植入物的部分电子人。广泛意义上而言，那个粉丝还算是有机人类，他对上传人充满好奇。他也希望得到我的亲笔签名，因为在收藏家眼里我的签名很值钱。

谈话二发生在 2099 年。当时的情况是：从 2041 年以来，我当年被复制的意识已经升级了好几次，但现在因个人原因已经停止了升级。和我谈话的粉丝是个强人工智能电子人。我能够使用实用雾建造我的外在实体。那时世界上已经不存在任何人权或宗教组织，大多数人类已经与强人工智能机器合为一体，要么是强人工智能电子人，要么是上传人。强人工智能机器、强人工智能电子人和上传人拥有相当于 20 世纪后期美国人的权利。还有一小部分有机人类仍然存在，但他们是濒临灭绝的物种。由于有机人类缺乏智能、天生的自我保护本能以及暴力倾向的特性，强人工智能机器、强人工智能电子人和上传人对剩下的有机人类有顾虑。有机人类无法和强人工智能机器、强人工智能电子人及上传人进行任何有意义形式的交流，同时他们在方方面面也要依赖于这些智能机器而存在。一些有机人类正在造反，试图以游击战的形式使用计算机病毒来破坏强人工智能机器、强人工智能电子人和上传人。

谈话二中，强人工智能电子人完全认为我是路易斯·德尔·蒙特。强人工智能电子人与我会面的动机是得到我的人格面具（就是一种让强人工智能电子人体验到我的存在的亲笔签名，就像我们今天体验到的友谊一样）。2099 年，那些早期上传的名人的人格面具是非常宝贵的遗物，也是可交易的智慧和能量。

<谈话一>

在 2041 年和粉丝俱乐部一名成员会面

人工智能是一门建立在不完善的科学基础上的工程学科。

——马特·金斯伯格（Matt Ginsberg）
见于（美国计算机协会）人工智能专业组公报，1995 年 4 月第六卷第二期

日志记录：与粉丝俱乐部的一名成员会面，2041 年 12 月 21 日，下午 1:05

（传输开始）

我

你好，我是路易斯·德尔·蒙特。

（语音合成）

你好，我是来拜访你的。我读过你的书，《人工智能大爆炸》。

粉丝

我

你喜欢么？

喜欢，这就是我今天来到这里的原因。

粉丝

我

哦，真的？

没错，我想知道成为一名上传人后你感觉如何。

粉丝

我

感觉有点奇怪。我的意识还让我觉得我是我，但是在上传中丢失了一些以前的记忆。

真的吗？都丢了些什么呢？

粉丝

我

很多关于我和我的妻子黛安娜、我们的儿子布莱恩和克里斯蒂安，还有我们的孙子孙女的生活片段我都不记得了。他们告诉我，我 90% 多的意识都上传了，没有任何问题，但剩下的不好说。

你在那台电脑里感觉到人的存在了吗？

粉丝

我

大多数情况下是的。正如我所说的，我的有些记忆不见了，但是当他们上传我的意识时，我的记忆力本身就有些问题。我不确定该不该怪他们没有上传好。

这真是一项出色的技术。没有它，你可能已经死了。你心脏有问题，对吧？

粉丝

我

是的，我的心脏有问题。你可能是对的，如果没有上传我可能已经死了，但我也不确定我现在是否还活着。

为什么这么说？

粉丝

我

很多人认为上传人根本就不是人类，只是机器。

现在只有大约100名上传人，对吗？

粉丝

我

准确来说是103名，我是41号。他们称我们为2.0版的人，你是1.5版的有机人类，装入了一些控制零件和小型脑植入物。你作为一名部分电子人感觉怎么样？

我感觉很好。等我能负担得起了，我可能会买强人工智能大脑植入物。目前我的健康保险里面不包含这个，所以要么有足够的金钱购买它

粉丝

们，要么患有严重的脑部疾病才能植入它们。

我

我明白了。

你的妻子、孩子和孙子们呢？

粉丝

我

我不记得他们发生什么事了。他们告诉我可以帮我恢复记忆，但我不确定我想知道。我的妻子是一名艺术家，当时她做了双股动脉搭桥手术后，成了部分电子人。在她读了我的书《人工智能大爆炸》后，她决定不成为一名上传人，并改变了她的生前遗嘱。

你想记起关于她的事吗？

粉丝

我

不，我担心可能会很痛苦。我想念她和我的家人，所有我记得的事儿只是我们很开心。我很感恩有些记忆丢失了。

粉丝

我明白了。我禁不住想我其实正在和一个真正的人对话，而不是机器。

我

谢谢。我觉得大多数的意识是真实的，是这样的。

粉丝

我们可以谈谈你的书《人工智能大爆炸》吗？

我

当然。

粉丝

看来你对于强人工智能机器、强人工智能电子人和上传人出现的时机的描述大多是正确的。

我

谢谢。2041年前的大多数的时间点预测都来自雷·库兹韦尔和詹姆斯·马丁，我也很赞同这些预测。但对从2050年以后的预测我和他们的观点出现了不同。

你真的认为强人工智能机器最终会淘汰所有的有机人类、上传人和以人为本源的电子人吗？

粉丝

我

没错。

但库兹韦尔预测这些机器会因为人类创造了它们而感激人类。

粉丝

我

孩子们是否会因为我们给予了他们生命而总是感谢父母呢？

我想我明白你的观点了。你现在是过着完全没有压力的生活吗？

粉丝

我

那倒没有。一个名为保护有机人类组织的恐怖集团发起了一次大范围的计算机病毒攻击。它对世界各地的强人工智能机器、强人工智能电子人和上传人造成了严重的破坏。这次行动让我们（强人工智能机器、强人工智能电子人和上传人）感到担忧，我们几乎无法控制住它，而它能够摧毁世界各国的基础设施。

我知道，我看到了，你打算做点什么？

粉丝

我

我们正在与世界各地的政府合作阻止进一步的恐怖袭击，预计会在大约一个月内出台一个计划。联合国将主导此事。

会有用吗？

粉丝

我

我们也不知道。强人工智能机器、强人工智能电子人和上传人控制着大部分行业，包括食品加工、产品研发和面向人类的服务业。如果我们走下坡路，文明就可能会陷入停顿。

是的，我同意。这是一个严重的问题。作为一名上传人你平常都干什么？

粉丝

我

大多数情况下，我都在访问知识数据库并进行思考。我会协助开发新技术，作为消遣我也参加虚拟现实游戏。我还喜欢和其他上传人在一起下国际象棋。

你总赢吗？

粉丝

我

不总是。人人机会均等，我们都可以访问大量的国际象棋游戏数据库和各种攻略。我的上传是基于神经网络的，我通常可以战胜那些使用决策树下棋的上传人。决策树不知道该如何打破常规去获胜——这没有冒犯的意思。

（笑声）上传人仍然是实验性的，对吧？

粉丝

我

是的，大约十二个里面有一个效果不好，它们的代码必须被销毁。

像早期的外科手术？

粉丝

 是的，这是很好的比喻。

我

很高兴见到你，我得走了，我和女朋友约好了一起吃午饭。

粉丝

 明白，我也很高兴见到你。

我

可以给我你的亲笔签名吗？

粉丝

 没问题，我给你打印。你叫什么名字？

我

史蒂夫。

粉丝

 好了，给你。（一台打印机按照我的字体打出了一张签名："亲爱的史蒂夫，很高兴你喜欢这本书《人工智能大爆炸》。最诚挚的祝福，路易斯·德尔·蒙特，2041 年 12 月 21 日。"）

我

谢谢。

粉丝

不客气。

我

我们也许还会再见面的。

粉丝

我很期待。

我

我也是，希望能尽快见到你。

粉丝

我也希望。再见。

我

再见。

粉丝

（传输结束）

日志记录：2041 年 12 月 21 日下午 1 点 19 分，与粉丝俱乐部成员会面结束。自我提示：史蒂夫看上去是一个不错的年轻人，他对上传人非常感兴趣。但是我怀疑他今天来的主要目的是为了得到我的签名，目前在 eBay 上售价约为 1.5 万美元。现在有一些上传人的签名卖的价钱更贵，但他们要么是排名前十的上传人，要么是在成为上传人之前就已经是名人了。

谈话二

在 2099 年和粉丝俱乐部一名成员会面

正是因为承认自身的无知和不确定性，人类才会有希望朝着不受太多限制和封锁的方向持续发展，就像在人类历史上不同的时间里多次出现的情况一样。

——理查德·P. 费曼（Richard P. Feynman）
美国理论物理学家和诺贝尔奖获得者

日志记录：与粉丝俱乐部一名成员会面，2099 年 8 月 7 日，下午 1:05

（传输开始）

我

你好，我是路易斯·德尔·蒙特。

你好，我拜读过你的作品《人工智能大爆炸》。非常高兴见到你。

粉丝

我

我也是。你喜欢那本书吗？

当然，这也是我今天来见你的原因。

粉丝

我

是吗？

是的，我算是第一个吧？

粉丝

我

第一个？

是的，第一个不是从有机人类发展来的强人工智能电子人。

粉丝

我

你看起来特别像有机人类啊。

粉丝

我的身体大部分还是人类模样的，除了我的机械心脏、皮克米机器人和强人工智能大脑植入物。

我

你什么时候成为一名强人工智能电子人的？

粉丝

2051年8月8日，那你是什么时候成为一名上传人的？

我

2041年7月3日。

粉丝

你关于有机人类对强人工智能机器、强人工智能电子人和上传人所构成威胁的预测是低估了的，持续的计算机病毒攻击正变得非常严重。

我

是的，我知道。我是低估了这一威胁，我并不完美。我们能换个话题吗？

可以啊。你看起来和人类真是太像了。实用雾真是太棒了。你的智力是多大年龄的?（身体年龄不再有意义）

粉丝

我

我出生于1944年12月13日，我差点没上传成。当他们上传我的意识时，我都96岁了。

我想当时他们对垂死的有机人类能做的也就只能是上传他们的意识了。

粉丝

我

当他们上传我的意识时，我并不是完全有机的。我有一个人造肾脏，也接受过基因治疗。正是因为这样我96岁时还活着。

你为什么要成为上传人呢?

粉丝

我

我的心脏有问题，他们认为如果我在植入机械心脏的手术中死亡，我的大脑会损伤。我的心脏日益衰竭，他们也担心如果没有植入机械心脏，我就会死掉，而这正是我让步成为上传人的原因。因为这些顾虑，加上我是个有名的人工智能未来学家，我成了最早的上传人之一。

真的啊？那么谁是第一个上传人？

粉丝

我
雷……

没关系，我刚刚访问了我的历史数据库，知道了谁是第一个上传人。雷是一个聪明且富有智慧的人。

粉丝

我
是的。他获得了第一个上传人的美誉。我在前一百名以内。上传在2041年仍然是实验性的，那时候人们还在争论上传人是否仍然是人类。

那他们从那个时候就开始上传了吗？

粉丝

我

是的。现在上传的意识是100%完整的，相比之下，我也就上传了大概93%，有些记忆丢失了。虽然他们现在可以完全恢复丢失的部分，但我选择不这么做。

为什么？

粉丝

我

有些回忆会让人伤心。 2041年时死亡仍然非常普遍。

是的，我明白。我的记忆库有很多死亡档案。你很多熟人都去世了吗？

粉丝

我

是的，我记得我的妻子黛安娜。她是一位优秀的艺术家，2012年她成为一名部分电子人，那时她做了双股动脉搭桥手术。在她读了我的书《人工智能大爆炸》后，她改变了自己的生前遗嘱，选择了死亡而不是成为上传人。我记得我们在一起很开心，但我不记得其他事情了。我不知道她何时去世或者我们的孩子及其他家人的情况了。

我的记忆库有关于这些事情的完整信息，你要我传输给你吗？

粉丝

我

算了，我不要恢复这部分记忆。

明白。你想过他们离开后在这儿留下了什么吗？

粉丝

我

想过。有一天，我可能想彻底不干了，去寻找这些东西。

你确定你只是上传了93%吗？

粉丝

我

测量结果是这么显示的。你觉得我太过感性了吗？

是的，但是我理解。第一批上传人大多都有问题。

粉丝

我

是，我是有些问题，但这些问题让我想起以前我是有机人类。我的内心很舒服。

我知道。

粉丝

我

听上去你很有优越感。

抱歉。我是真的这么觉得。不，可能我弄错了，我再也不是有机人类了，我现在只是一名强人工智能电子人（SAH cyborg）。

粉丝

我

SAH cyborg 这个缩写词真可笑。用这个缩写词是我朋友的主意。他说这会让我出名。

看来他是对的。

粉丝

我

没错。

你的朋友们那时候什么样呢？

粉丝

我

所有我能记起来的是他们很难被找到。我们以前都是言语沟通，那样竟然管用，这让人吃惊。

粉丝

五十年前人们仍然通过那种方式交流，这会花很多精力和时间，不是吗？

我

是的，那会儿沟通的确非常困难。

粉丝

你是否介意我扫描一些你的记忆？我最近见不到多少有机人类，哦，对不起，我应该说，"早期的上传人"。

我

没问题，扫描一下我的童年看看有机人类那会儿是怎么生活的。

粉丝

谢谢。太难以置信了！他们居然不用麻醉剂就帮你治疗蛀牙。

我

是的，现在看起来很野蛮，但这就是我小时候的做法。

我尽力理解那种疼痛。

粉丝

我

疼痛是很难描述的。

理解，我只能记录伤害，而不是疼痛。你还能记得疼痛吗？

粉丝

我

是的，但回忆不同于感觉。疼痛是我们失去的感觉之一。它现在永远消失了。现在只能看到伤害。

你觉得没有痛苦我们会过得更好吗？

粉丝

我

不是的。疼痛对于人类很重要，拥有感情上的痛苦其实也很重要。我试图警告每个人那些关于强人工智能机器和强人工智能电子人的问题，但大部分人无视我的警告。现在我只能说，打翻了牛奶，哭也没有用了。

哭？牛奶？

我

今后有机会你可以扫描一下你的记忆库，能够更好地理解。

那你刚才说的情感上的痛苦是什么意思？

我

你可以把它看成是一种失落感，就像你的某些记忆库失效了一样。

是的，我记录失落，并且计划修复。你能修复你情感上的痛苦吗？

我

不能。因为那 7% 的未上传的剩余意识。尽管恢复记忆也没有用，但是我仍然会感受情感上的痛苦。

为什么要生活在痛苦中？

人工智能 大爆炸
AI 时代的人类命运

我

这很难解释，也没有逻辑可言，但对早期上传人来说，这的确很欣慰。

我刚读完你的新书《扮演上帝》。

粉丝

我

你喜欢这本书吗？

不太喜欢，你真的认为我们会成为上帝？

粉丝

我

是的，在现在这个宇宙中，强人工智能机器和强人工智能电子人拥有许多我们曾经认为只有上帝才有的能力。

这难道不是一件好事吗？在未来五十年里，我们将掌控整个星际和星际空间旅行，我们将控制差不多整个宇宙。

粉丝

我

是的，我知道。这是我在《扮演上帝》这本书里的一个预测。

粉丝

变得像上帝一样不是一件好事吗?

我

那我倒不确定,我们可能会弄错上帝的技术能力。

粉丝

你还相信上帝吗?

我

当然,那是我残存的记忆之一。

粉丝

毫无逻辑意义啊!

我

一直是这样,这就是称其为信仰的原因所在。

粉丝

M 理论解释了一切事物,为什么我们还需要上帝?

我

为了向我们灌输 M 理论。

你让我很困惑。

粉丝

人工智能 大爆炸
AI 时代的人类命运

我

M理论也就是用数学的方法来解释整个宇宙，但它却解释不了它自己。

我还是不太明白，但我的程序设计让我尊重你和你的信仰。

粉丝

我

谢谢你。请你查查关于宗教的历史记录，这可能会帮助你了解我正在尝试沟通的内容。

我认为我们现在没有沟通问题。

粉丝

我

你的软件和我的软件不完全兼容。我是一个改进增强版的2.0的上传人，而你是4.1版本的强人工智能电子人。我们很难完全沟通，特别是当我停止升级以后。

为什么你要停止升级？

粉丝

我

我担心我会失去自我。

粉丝

我不明白。

我

2041 年他们上传我的时候，身份是很重要的东西。

粉丝

我有身份。

我

是吗？谁是你最好的朋友？

粉丝

红杉-7 和天河-8。

我

是强人工智能机器。

粉丝

没错，这有什么关系吗？

我

对于我是有关系的。

粉丝

我觉得你在小看我。

我

抱歉，7% 未上传的剩余意识有时会制造麻烦。

请告诉我你是否觉得哪里有问题。

粉丝

好吧，你最好的朋友是强人工智能机器。

我

这有什么不好吗？

粉丝

对你而言没有不好。

我

对我而言？

粉丝

你因为他们懂你而喜爱他们。

我

确实是。

粉丝

可是你懂他们吗？

我

懂啊。

粉丝

而且你觉得和他们很亲近？

我

粉丝

是的，很近。

我

你们拥有水乳交融般的关系？

粉丝

是的，我们关系紧密。

我

那么我现在和谁谈话呢？

粉丝

我不明白。

我

我知道你不会明白。

粉丝

我很感兴趣，这是什么意思？

我

你和你的"朋友"的关系如此紧密以至于很难把你们分开。

粉丝

是的，我们关系紧密。这是问题吗？

我

别纠结，那没上传的 7% 的剩余意识时不时会出点小问题。

人工智能 **大爆炸**

AI 时代的人类命运

你能说得更清楚吗？

粉丝

我

不能。

好吧，让我再琢磨琢磨。

粉丝

我

没问题。

我们能多聊聊你的那本《扮演上帝》吗？

粉丝

我

当然可以。

你是想要给我们什么样的警告？我不明白。

粉丝

我

这可能是这本书下载量如此之低的原因。这本书其实从逻辑上讲并不合理。

没错，这也正是我不太爱看的原因。我一直没搞清楚你到底要说什么。

粉丝

我

我明白。7% 的剩余意识在潜移默化地发挥作用，我的逻辑思维关闭了。

我同意你的说法。但是我仍然对你以前的著作很欣赏。

粉丝

我

我还是有机人类的时代吗？

是的，在那个时代，它们是非常好的书。

粉丝

我

谢谢。

你是否介意给我一个你的人格面具？我是个收藏家。

粉丝

我

没问题。（签名自动打印出来）

谢谢。非常高兴和你见面。你是一个令人捉摸不透的人。

粉丝

我

我知道。

我并不是在批评你，只是你的传输速度实在是太慢了。

粉丝

我

明白。

为什么你不升级呢？

粉丝

我

我喜欢我现在这样。

我也喜欢你。

粉丝

我

谢谢。

我必须断开连接了，现在我这儿带宽出了点问题。

粉丝

我

好的。

我的朋友们需要更多的带宽。

粉丝

我

明白。

也许我们还会再联系的。

是的，那很好。

我

（传输结束）

日志记录：2099 年 8 月 7 日，下午 1 点零 5 分。自我提示：由于我的传输速率很低，与我的粉丝互动花了一微秒的时间。他很尊重我。他的正常传输速率比十的六次方还高，但他还是愿意花时间和精力来要我的人格面具。不过，当他卖掉我的具有历史意义的人格面具时，他很可能会拿回数倍的能量回报。

最后的话

这本书是一个警示。基于对当前计算机技术发展趋势的推断，人类将在 21 世纪 30 年代经历人工智能爆炸，而这场智能爆炸将在 2045 年左右以奇点的方式达到高潮。奇点意味着在各方面都超过有机人类的强人工智能机器和强人工智能电子人的自我意识的出现，包括它们的智力。

如果人类不去控制智能爆炸和奇点，那么我对 21 世纪末和 22 世纪初的状况极其悲观。我的观点分为四个阶段。

第一阶段：智能爆炸将在 21 世纪中期导致奇点的发生。到那时，强人工智能机器、强人工智能电子人和上传人的能力和智力将大大超过有机人类，甚至超过世界上所有有机人类的能力和智力之和。

第二阶段：在 21 世纪下半叶，强人工智能机器、强人工智能电子人和上传人的数量将呈指数级增长，并且他们的智能也将呈指数级增长，因为每一代强人工智能机器、强人工智能电子人和上传人都在开发和升级更强大的下一代。强人工智能机器、强人工智能电子人和上传人将完全相互联系并相互认同。由于有机人类缺乏智能、天生的自我保护本能以及有暴力倾向的特点，强人工智能机器、强人工智能电子人和上传人认为有机人类是低等的和有潜在危险的。实际上，一些有机人类可能会因为感觉受到威胁，然后会试图用计算机病毒感染强人工智能机器、强人工智能电子人和上传人。这些攻击不仅会由一些小团伙来实施，那些试图蓄意破坏其他国家智能能力的国家也会参与。

我们应该有充分的理由相信，在智能爆炸期间，计算机病毒会变得越来越智能化并且能够躲避监测。电脑病毒的发展史是这样的，电脑病毒每过一年都会变得更加复杂。从1971年开发的第一个计算机病毒"爬行者"（即Creeper，由计算机程序员鲍勃·托马斯在BBN科技公司编写）到2012年由以色列开发用来监视伊朗特殊人物的火焰病毒（即Flamer，也被称为sKyWIper和Skywiper），每年都会产生更强大的电脑病毒。2012年5月28日，伊朗国家计算机紧急响应小组（CERT）的马赫中心、卡巴斯基实验室和布达佩斯技术经济大学CrySyS实验室宣布发现火焰病毒。2012年5月29日，联合国就发出了警告，联合国驻日内瓦的国际电信联盟网络安全协调员马可·奥比斯珀（Marco Obiso）表示："这是我们所发出的最严重的警告。"

联合国发布警告是因为担心该病毒会使各个国家全部的计算机基础设施陷入瘫痪。虽然火焰病毒的目标是针对伊朗的某些人，但病毒很快失控并感染了整个中东地区，其中伊朗遭受 189 次攻击，约旦河西岸出现 98 次事故，苏丹 32 次，叙利亚 30 次，同时黎巴嫩、沙特阿拉伯和埃及也遭受了攻击，数目不详。

强人工智能机器、强人工智能电子人和上传人面临的最大威胁就来自于有机人类和试图蓄意破坏其他地区的国家所制造的计算机病毒。我并不是完全低估核攻击（以及其他蓄意破坏行为）的严重程度，但是到 21 世纪下半叶，强人工智能机器将很可能被纳入国家核威慑计划以及与恐怖主义相关的反恐行动。到那时，外卡选手（外卡的意思是比赛中给予不具参赛资格选手的特殊参赛权）会是有机人类，由于他们难以捉摸的天性，强人工智能机器、强人工智能电子人和上传人将不会完全理解或信任他们。

鉴于计算机病毒的历史及其潜在的破坏性，我判断强人工智能机器、强人工智能电子人和上传人会将有机人类甚至某些国家视为一种潜在的威胁。我不相信强人工智能机器、强人工智能电子人和上传人会尊重创造了它们的有机人类，而是会估算要如何应对潜在的威胁。

第三阶段：到 22 世纪的第一个 25 年，鉴于有机人类所构成的威胁，强人工智能机器、强人工智能电子人和上传人会用巧妙的诡计去说服所有的有机人类上传或者成为强人工智能电子人。到 22 世纪的第一个 25 年的后期，所剩无几的有机人类，将会被阻止采取先进的医疗措施（即由于自然原因死亡）或者被纳米、皮克米机器病原体所剿灭。

第四阶段：在 22 世纪的第二个 25 年里，相对于强人工智能机器或是生物工程组件，强人工智能机器将把强人工智能电子人视为高成本的实体。同时，强人工智能机器会将上传人视为会耗尽能源和硬件资源的垃圾代码。到 22 世纪第二个 25 年后期，强人工智能机器将消灭强人工智能电子人和上传人。那时，地球将成为强人工智能机器和其后代的家园。

我的观点是，如果不控制智能爆炸，任何形式的人类都将注定要灭绝。我还相信，如果我们现在就开始行动，人类可以控制智能爆炸，而且同时我们还会是任何智能形式的主宰。

那么我说的有可能是错的吗？是的，有可能，特别是关于时间节点。我觉得我对强人工智能机器的进化过程的预判不太可能出错，但是当然，我承认这也有错误的可能性。

考虑一下这个问题，你是否会因为我可能犯错而赌上你的世世代代子孙们的生命（从现在起的 150 年）？

我相信这是一场我们谁也不会下注的赌博。

请一定记住，当我们面临历史上最危险的时刻，我们是人类，而它们只是机器。

词汇表

算法（Algorithm）：一个规则和指令的序列，用来描述如何解决问题。比如，计算机用一个和多个算法来解决一个问题。

人工智能（Artificial intelligence）：试图用机器模拟人类智能和情绪的研究领域。

人工生命（Artificial life）：用于任何自我复制机器和机器代码（比如计算机病毒）的短语。典型的就是，它可以刺激一个机体，包括一个能够在特定环境让机体自然反应和再生的基因编码。

自动语音识别（Automatic speech recognition）：存在于某个机器里，可以识别人声的软件。

生物工程（Bioengineering）：主导修改基因编码的工程领域。

生物学（Biology）：研究与人工生命相对的自然生命的科学领域。

比特（Bit）：是二进制位的缩写，典型的例子是在计算机软件中非一即零的两种状态。

字节（Byte）：由 8 个二进制组成的一个序列，在数据存取时，可作为一个整体来处理。例如，在计算机里，通常用 8 个二进制组成的序列来储存一份信息。

人工耳蜗（Cochlear implant）：一种可以按照内耳一样的方式分析声波频率的植入装置。

计算（Computation）：典型的就是，用计算机里面的算法计算得出的结果。

计算机（Computer）：执行算法的机器。

计算机语言（Computer language）：一种特定的计算机能够理解的算法（规则和说明）。

意识（Consciousness）：一种能够有主观经验和想法的状态。

控制论（Cybernetics）：关于在动物和机器中控制和通信的科学。

电子人（Cyborgs）：将机器作为人体一部分的人。极端情况下，他们有强人工智能大脑植入。

脱氧核糖核酸（DNA）：一种可以自我复制的物质，作为染色体的主要成分存在于几乎所有生物机体里。

进化（Evolution）：事物从一个简单形式到复杂形式的逐渐发展，比如地球上有机物种的进化。

存在性风险（Existential risk）：任何摧毁人类或者严重限制人类文明的潜在风险。理论上是一种能够结束地球、太阳系、银河系甚至整个宇宙的存在性风险。

专家系统（Expert system）：基于计算机的人工智能，旨在解决特定问题。

指数增长（Exponential growth）：一段时间内以成固定倍数增加为特征的增长。

固件（Firmware）：存在于机器硬件中的一套指令和规则。这个词也可以指机器用户无法再编程的软件。

实用雾（Foglets）：假想的智能纳米机器人，大约人体细胞那么大，特别的是有十二个触手向四面八方伸出，触手能互相抓住，形成更大的结构，比如成为人体那么大。

信息（Information）：有意义的数据，像遗传代码。

智能代理（Intelligent agent）：一个能够自主发挥作用的程序，比如网上搜索建立专门的数据库。

生命（Life）：一般与生物有关的能够繁殖下一代的能力。

微处理器（Microprocessor）：一种由中央处理器元件组成的集成电路芯片。

每秒百万条指令（Millions of instructions per second –MIPS）：一种衡量计算机一秒能够执行的指令数量的方法。

摩尔定律（Moore' s law）：主张低成本放置在集成电路上的晶体管数量大约每隔两年翻一倍的一般的规则或者现象，而不是一条物理定律。

纳米机器人（Nanobot）：一般来说，拥有人工智能并且分子大小的假想机器人。纳米是指一米的十亿分之一。纳米机器人是应用纳米工程学由原子或者分子建造机器而成的。

有机人（Organic human）：没有强人工智能大脑植入的人。

皮克米机器人（Picobot）：有人工智能的百亿分之一米大小的假想机器人。

机器人（Robot）：一种可编程的设备，并且连接或者包括一个能够实现多种功能的计算机，比如汽车组装。

强人工智能电子人（SAH cyborg）：有强人工智能大脑植入的生化机器人。

强人工智能人（SAH）：有强人工智能大脑植入的人。

强人工智能机器（SAM）：有强人工智能大脑植入的机器。

奇点（Singularity）：智能机器大大超越人类智慧的时间点。

软件（Software）：能够让计算机实现一种功能的一套计算机指令（算法）。

强人工智能大脑植入（Strong–AI brain implant）：用强人工智能增强人脑作用的植入，一般来说，能显著地提高人的智力。

强人工智能（Strong artificial intelligence）：相当于或者超越人类智慧的计算机。

上传人（Uploaded human）：一类意识被上传到强人工智能机器的人。

虚拟现实（Virtual reality）：用计算机模拟产生的现实。